大数据应用人才能力培养
新形态系列

Python
程序设计
微课版

余本国 李晓玲 张锦◎主编
唐银清 钟小双◎副主编

人民邮电出版社
北京

图书在版编目（CIP）数据

Python程序设计 : 微课版 / 余本国，李晓玲，张锦主编. -- 北京 : 人民邮电出版社，2025.1
（大数据应用人才能力培养新形态系列）
ISBN 978-7-115-64485-5

Ⅰ. ①P… Ⅱ. ①余… ②李… ③张… Ⅲ. ①软件工具－程序设计 Ⅳ. ①TP311.561

中国国家版本馆CIP数据核字(2024)第104556号

内容提要

本书面向零基础的读者，通过循序渐进的内容编排、通俗易懂的语言和丰富多样的实例，详细地介绍 Python 常用的知识点。本书共 12 章，第 1 章到第 4 章是 Python 的基础内容；第 5 章到第 10 章属于进阶内容，其中第 8 章数据处理是数据分析的基础；第 11 章是应用案例，旨在抛砖引玉，帮助读者综合应用 Python 工具处理各类问题；第 12 章是机器学习入门，给有志于人工智能方向的读者提供基础入门知识。全书穿插第三方库的安装和使用方法。

本书可作为各类院校计算机、数据科学与大数据相关专业的教材，也可作为相关行业从业人员的参考书。

◆ 主　编　余本国　李晓玲　张　锦
副 主 编　唐银清　钟小双
责任编辑　韦雅雪
责任印制　陈　犇

◆ 人民邮电出版社出版发行　　北京市丰台区成寿寺路 11 号
邮编　100164　　电子邮件　315@ptpress.com.cn
网址　https://www.ptpress.com.cn
三河市兴达印务有限公司印刷

◆ 开本：787×1092　1/16
印张：12.5　　2025 年 1 月第 1 版
字数：340 千字　　2025 年 1 月河北第 1 次印刷

定价：49.80 元

读者服务热线：(010)81055256　印装质量热线：(010)81055316
反盗版热线：(010)81055315
广告经营许可证：京东市监广登字 20170147 号

Python 是一种编程语言，可让用户更高效地工作。目前，市场上几个非常有影响力的 AI 框架，大多是用 Python 实现的。Python 有很多开源的库可用于进行人工智能的相关工作，比如，NumPy、SciPy 用于数值计算，Pandas 用于数据处理，Sklearn 用于机器学习，PyBrain 用于神经网络，Matplotlib 用于数据可视化。在人工智能大范畴领域内的数据挖掘、机器学习、神经网络、深度学习等都把 Python 视为主流的编程语言，这让 Python 得到了广泛的支持和应用。

本书介绍 Python 程序设计相关的原理及应用，具有以下特色。

（1）内容由浅入深，实例丰富多样，理论与实践并重。

（2）知识结构清晰，语言通俗易懂，每章首利用知识点导图梳理相关知识要点，可读性强。

（3）注重强调 Python 在数据分析、机器学习等方面的应用。本书不仅适合用于计算机专业，还特别适合用于数据科学与大数据、人工智能等专业。

（4）配套微课视频，读者扫描书中二维码即可观看；提供 PPT 课件、教学大纲、教案、源代码、案例素材等丰富的教辅资源，读者可登录人邮教育社区（www.ryjiaoyu.com）进行下载。

本书的 Python 语法基础、应用案例部分由唐银清老师编写，数据类型、文件操作部分由李晓玲老师编写，流程控制和函数部分由钟小双老师编写，数据处理、数据可视化部分由张锦老师编写，类、正则表达式、SQLite 数据库操作、机器学习入门部分由余本国老师编写。

限于编者水平，本书难免存在疏漏，请读者批评指正。若要联系本书编者，可发电子邮件至：yubg@hainmc.edu.cn。

余本国

2024 年 11 月

第1章 Python 语法基础

第2章 数据类型

第3章 流程控制

第 4 章 函数

第 5 章 类

第 6 章 正则表达式

第7章 文件操作

第8章 数据处理

第9章 数据可视化

第10章 SQLite 数据库操作

第11章 应用案例

第 12 章 机器学习入门

参考文献

第1章 Python 语法基础

本章知识点导图

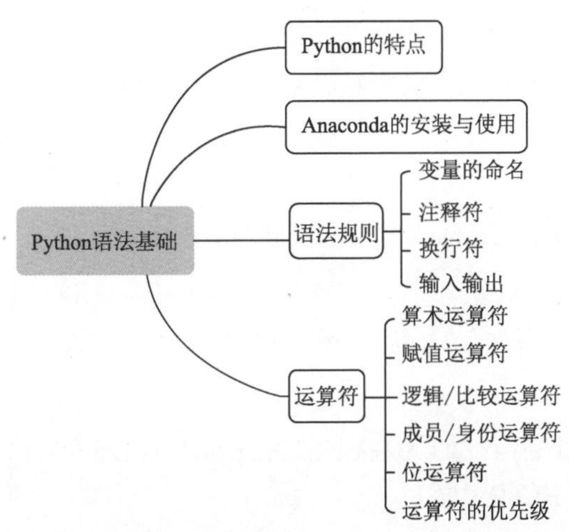

Python 由荷兰的吉多•范罗苏姆（Guido van Rossum）于 1991 年公开发行。据说吉多是英国喜剧团 Monty Python 的粉丝，所以他将自己设计的编程语言命名为 Python。Python 是零基础学习者学习编程的较佳语言，易写易读，是一种不受局限、跨平台的开源编程语言，功能强大，可在 Windows、macOS 和 Linux 等平台上运行。

由于 Python 简洁易懂、扩展性强，因此受到很多程序员的青睐。他们编写了很多类库，使得它的应用越来越广泛、越来越方便，吸引了很多领域的人员进行使用。尤其在近几年，许多大型互联网公司使用 Python 来编写人工智能程序，在机器学习、神经网络、模式识别、人脸识别、定理证明、大数据等各领域都产生了众多可以由 Python 直接引用的功能模块。当前较流行的深度学习框架大多是用 Python 编写的，如著名的 AlphaGo。随着人工智能越来越火爆，Python 几乎被“推上了神坛”，获得了“人工智能标配语言”的美誉。

Python 的发展经历了 Python2.X 和 Python3.X 两大版本，稳定的 Python2.7 已于 2020 年由官方宣布正式停止维护，由其他公司接手其商业维护，这意味着 Python2.X 成为历史。一般的软件系统都是后者兼容前者，但是 Python 在 Python2.7 和 Python3.X 之间没有做到这一点，甚至两者相差甚远。在编写本书时，Python3.X 已经更新到了 Python3.12。为了代码的稳定性，本书采用的是稳定版本 Python3.9 及其以上版本。

Python 除了极少的事情不能做之外，基本上“全能”，如常见的系统运维、数据库、可视化、数据分析、机器学习、爬虫、网页开发、图形处理、科学计算、人工智能等，已经深入几乎所有的科学领域。

1.1 Python的特点

Python 的用户间流传着一句话——“人生苦短，我用 Python!” 这反映出 Python 简单易学、即学即用的特点。下面来看看 Python 到底有哪些特点。

1．简单易学

Python 的设计理念是优雅、明确、简单。Python 语法简单，容易上手，用户只需关注如何解决实际问题，而不用关注语言本身。

2．免费开源

Python 是开源的。使用者可以自由地阅读、使用和改动它的源代码，或将其中一部分用于新的自由软件中。

3．高级解释性语言

Python 是一门高级编程语言，用户在编程时无须考虑底层细节。Python 解释器把源代码转换成字节码，然后把字节码翻译成机器语言并运行。这使得 Python 程序更加易于移植。

4．可移植性

Python 可在 Linux、Windows、macOS、Android 等平台上运行。

5．面向对象

Python 既支持像 C 语言一样面向过程的编程，也支持如 C++、Java 一样面向对象的编程。

6．可扩展性

Python 提供丰富的应用程序接口（Application Program Interface，API）、模块和工具，以便用户轻松使用 C 语言、C++等编写扩充模块。

7．可嵌入性

Python 程序可以嵌入 C/C++/Matlab 等程序，从而向用户提供脚本。

8．丰富的库

Python 标准库庞大而丰富，可以用于完成各种工作，包括正则表达式、文档生成、线程、数据库、网页浏览器、电子邮件、XML 文件、HTML 文件、WAV 文件、密码系统、图形用户界面（Graphical User Interface，GUI）和其他与系统有关的操作。除了标准库以外，还有许多高质量的第三方库。

9．规范的代码

Python 采用强制缩进的方式来使代码具有较好的可读性。

正因为 Python 这些便利的特点，许多大型网站（如 YouTube、Instagram 等）利用 Python 进行开发，许多大型公司（包括 Google、Yahoo 等）的一些应用也使用 Python 进行开发，甚至美国国家航空航天局（NASA）都大量使用 Python。Python 受关注的程度逐年上升。

1.2 Anaconda的安装与使用

微课视频

Python 的编辑平台比较多，如 Anaconda、PyCharm 等。Windows 系统的用户可以访问 Python 官

网，下载最新版本的Python原生编辑器，大小约为27MB。由于原生编辑器在使用第三方库时，需要设置较多的运行环境，费时耗力，尤其对计算机系统设置不熟悉的新用户来说，可能会感到无所适从，因此一些“自动化”的编辑平台应运而生，Anaconda就是这样一款编辑软件。该软件预装了一些常用的库，安装Anaconda后即可使用，真正体现了“注重解决实际问题，而非语言本身”，只是“体形庞大”了些，约为700MB。做数据分析大多基于Anaconda下的Spyder或Jupyter Notebook编辑器，Spyder和Jupyter Notebook（本书简称Jupy）已成为数据分析的标准环境。

1.2.1 安装Anaconda

Anaconda是Python的一个开源发行版本，主要面向科学计算。Anaconda中增加了conda install命令来安装第三方库，其使用方法跟pip命令的一样。在Anaconda的Prompt下也可以使用pip install命令来安装第三方工具包。

Anaconda官网下载页面如图1-1所示。Anaconda的版本更新较频繁，下载时请拉到页面下方，按照自己的计算机配置情况，下载适配的版本。若需要下载往期版本，可直接访问Anaconda官方的软件仓库。

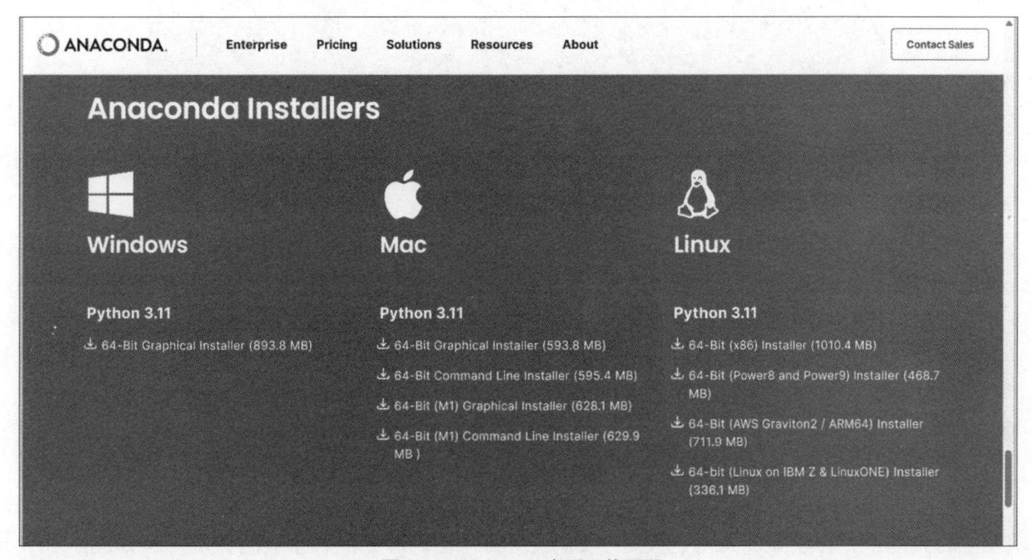

图1-1 Anaconda官网下载页面

下载后直接双击安装包进行安装，可自选安装位置。

注意：安装路径中最好不要有中文字符，以防运行代码时出现一些意想不到的错误。安装完成后，在“开始”菜单里可以看到图1-2所示的Anaconda菜单。

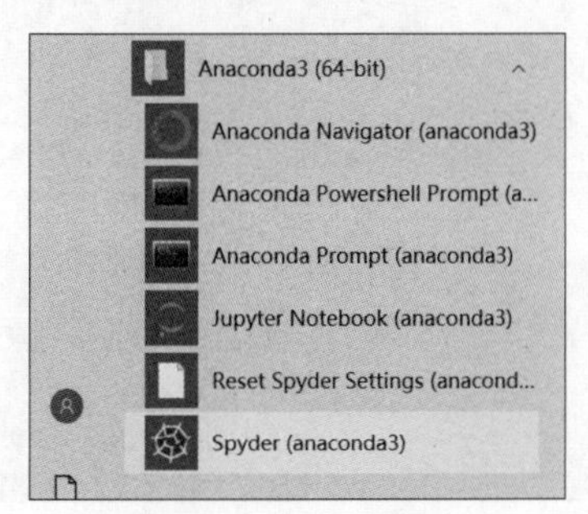

图1-2 Anaconda菜单

1.2.2 Spyder 的使用

Spyder 的使用方法比较简单，其界面如图 1-3 所示。

图 1-3　Spyder 的界面

在代码编辑区编辑代码，按"F9"键即可运行选定的代码（在之前的一些版本中，可以使用快捷键"Ctrl+Enter"运行代码）。由于版本不同，界面按钮及快捷键可能略有不同。

Python 有很多成熟的编辑器，至于编辑器的优劣，编者认为适合自己的才是最好的。本书将采用 Anaconda 下的 Spyder 和 Jupy，偶尔会使用 Python 原生编辑器。一般情况下，个人写代码时用 Spyder 比较方便，在进行教学或者演讲交流时，用 Jupy 或许更有优势，毕竟它可以在演讲过程中进行代码交互，最后还可以将代码导出为 HTML 或者 PDF 格式。

下面介绍 Spyder 的几个基本功能和操作方法。

1．代码提示

代码提示是编辑器必备的功能。当需要 Spyder 给出代码提示时，输入关键字的前几个字母，便会出现相应的关键字，移动光标到待选关键字处按"Tab"键，即可输入相应的关键字，如图 1-4 所示。

图 1-4　代码提示

2．浏览变量

变量是代码执行过程中暂留在内存中的数据，可以通过 Spyder 对变量承载的数据进行查看，以方便对数据进行处理。

变量显示区中包含变量的名称（Name）、类型（Type）、大小（Size）及基本预览。双击变量名所在的行，即可打开相应变量的详细数据进行查看。

3．安装第三方库

Anaconda 之所以颇受欢迎，是因为它整合了大量的依赖安装包。尽管 Anaconda 整合了很多常用的安装包，但它也不是万能的，有些专用包没有被整合进来，比如 Scrapy。

Anaconda 安装第三方库很简单，只需要在“开始”菜单中选择 Anaconda Prompt，在弹出的命令提示符窗口中执行“conda install scrapy”即可安装 Scrapy。但有些时候用“conda install”命令安装一些第三方库，会被提示 PackageNotFoundError，此时可改用“pip install”命令。

安装第三方库 Scrapy 如图 1-5 所示。

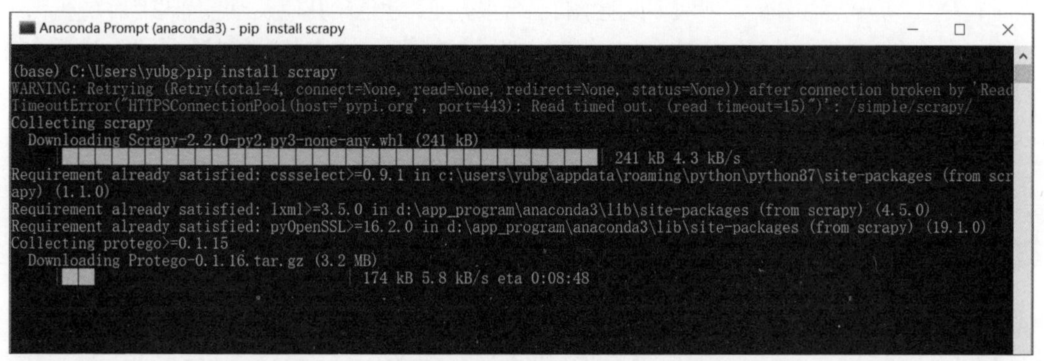

图 1-5　安装第三方库 Scrapy

在安装第三方库或者模块时，很可能因为文件较大而下载速度又很慢，导致安装不成功，此时可引用镜像来安装，常用的镜像有清华镜像和豆瓣镜像。

例如，使用豆瓣镜像安装 TensorFlow，执行以下命令。

```
pip install --user--index-url https://pypi.douban.com/simple tensorflow
```

安装结果如图 1-6 所示。

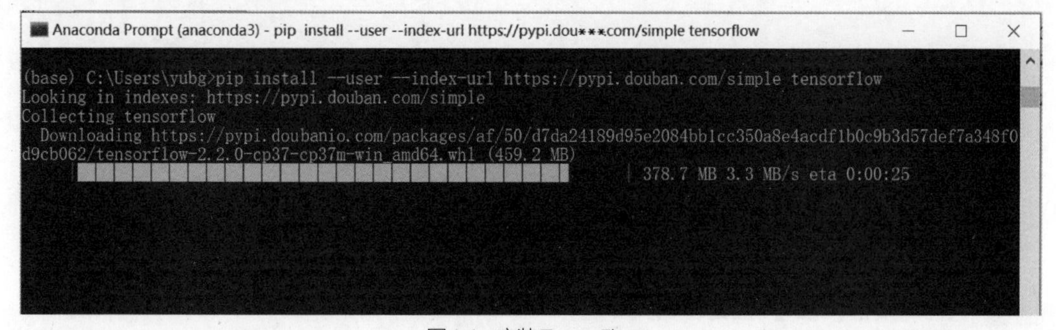

图 1-6　安装 TensorFlow

注意：在安装 TensorFlow、Keras 等之前要安装 Visual Studio 2019 或更高的版本，在安装 Visual Studio 2019 时最好选择先下载、后安装。

1.3 基本语法

Python 体现了简单主义思想，阅读一段良好的 Python 代码就像阅读英语文章一样，其语法简单，极易入门。

1.3.1 代码注释方法

微课视频

Python 的语法一般是一句占一行，其逻辑层级关系是靠缩进来体现的；单行注释采用#表示；多行注释采用三引号表示，三单引号（'''）或者三双引号（"""）都可以。

注释用于解释、说明代码的功能、用途，但不被计算机执行。注释类似于纸质书在页眉或页脚做的标记，起到强调或者说明的作用。在写代码的时候，要养成给代码写注释的良好习惯。这是因为在写代码时，通常思路非常清晰，但三五天甚至更长时间后，再回过头来看自己写的代码，不知所云的现象时有发生。养成写注释的好习惯不仅能给自己带来方便，也能给其他人理解代码带来方便。

例如下面的一段代码，其作用是输出字符串中的每一个字符，并在其间加上分号“;”进行分隔。下面的代码看不懂没关系，先看输出的效果。

【例 1-1】层级关系及输出。

```
s = "I'm a new comer."            #字符串用双引号引起来
for i in s:
    print(i, end=';')             #该行是上一行的下一层级，所以缩进 4 个空格
```

上面代码的输出如下。

```
I;';m; ;a; ;n;e;w; ;c;o;m;e;r;.;
```

有以下两种代码注释方法。

（1）在一行中，“#”后的内容表示注释，不被计算机执行，如例 1-2 中的第 1 行和第 8 行。

（2）如果要进行大段的注释可以使用三单引号（'''）或者三双引号（"""）将注释内容包裹起来，如例 1-2 中的第 3 至第 5 行的内容，被第 2 行和第 6 行的三双引号包裹起来了。

三单引号和三双引号在用法上没有本质的差别，但同时使用时要区别对待。

【例 1-2】代码注释（在 Spyder 中输入代码）。

```
# -*- coding: utf-8 -*-
"""
遍历列表中的元素
Created on Thu Jul 18 15:52:44 2024
@author: yubg
"""
lis = [1, 2, 3]
for i in lis:   #半角状态冒号不能少，下一行注意缩进
    print( i )
```

1.3.2 用缩进来表示层级关系

代码是有结构的，一般有顺序结构、选择结构、循环结构 3 种类型，代码及代码块之间是有逻辑层级关系的。Python 的代码及代码块使用缩进来表示层级关系，可以使用一个制表符或 4 个空格表示一级缩进，但不要在代码中混合使用制表符或空格来进行缩进，这可能导致代码在跨平台时不能正常运行。官方推荐的做法是使用 4 个空格表示一级缩进。

一般来说，行尾为“:”就表示下一行需要缩进，如例 1-2 中“for i in lis:”行尾为冒号，下一行的“print(i)”就需要缩进 4 个空格。

1.3.3 变量的命名

在计算机语言里，变量（Variable）的含义跟数学里变量的含义类似，都表示一个可变化的值。数学里的变量一般用一个字母来表示，而在计算机语言里，变量的表示方式非常丰富，但也有约束，具体的表示规则如下。

- 变量名的长度不限，但应力求简单易读。
- 变量名的第一个字符必须是英文字母、下画线或中文字符，其余字符可以是英文字母、数字、下画线或中文字符。
- 不能使用 Python 内置的关键字作为变量名。
- 变量名中不能使用特殊字符，如空格、@、%及$等。
- 变量名对字母大小写敏感，必须区分大小写，如“day”和“Day”是不同的两个变量。

Python 的变量一般采用简单、易懂、尽可能短的单词加下画线的形式命名（也称驼峰命名法），以提高代码的可读性，如 student_Name、teacher_Age 等。变量的名称不能以数字开头，也不能用内置的关键字（如 print、if 等），否则会引起系统冲突。为了避免出现运行异常，应尽可能少用中文字符命名。

在 Python 中关键字（也称保留字）很多，常见的有 type、len、id、copy、range、if、for、while、pass、False、class、finally、is、return、None、continue、lambda、try、True、def、from、nonlocal、and、del、global、not、with、as、elif、or、yield、assert、else、import、break、except、in、raise 等。

在 Python 中，类似于变量这样需要命名的情况还有很多，如函数（Function）、类（Class）等都需要命名。用来区分每个对象的名称称为标识符，标识符的命名规则与变量的命名规则一致，即标识符可以由英文字母、数字及下画线等组成，但不能以数字开头。Python 中的标识符是区分大小写的。以下画线开头的标识符有特殊的意义。在 Python 中，变量还可以用中文字符来命名（但不建议），如“中国 ='China'”。

一般地，以特殊符号开头或结尾的标识符都有特殊的含义。

- 以单下画线开头的标识符表示不能直接访问的类的属性，如_name。
- 以双下画线开头的标识符表示类的私有成员，如__add。
- 以双下画线开头和结尾的标识符是专用标识符，如__init__。

下面的标识符都是不正确的。

- 020：这个标识符只由数字构成，违反了标识符不能以数字开头的规则。
- 3name：这个标识符也违反了标识符不能以数字开头的规则。
- a-1：这个标识符包含不合法的字符（-）。
- id：这个标识符是 Python 中的关键字，应避免使用。
- man and woman：这个标识符包含非法的字符（空格）。

1.3.4 语句换行

在 Python 中，一般一条代码语句占一行，在每条语句的结尾处不需要使用分号“;”，但在 Python 中也可以使用分号，表示将两条简单语句写在一行。分号还有另一个作用，用在一行语句的末尾，表示不输出本行语句的结果。但如果一条语句较长要分几行来写，可以在行末使用反斜线“\”来进行换行。

```
a = 'Beautiful is better than ugly. Explicit is better than implicit. Simple is better than complex. '
```

上面的代码和下面的代码在输出效果上是一样的。下面的代码中第一行末尾出现的“\”表示此行与下一行是一条语句。反斜线“\”在这里是续行符，作用是将代码分成两行。

```
a = 'Beautiful is better than ugly. Explicit is better than implicit. \
Simple is better than complex. '
```

一般地，系统能够自动识别换行，如在一对括号中或三引号之间均可换行。例如下面代码中的第三行较长，若要对其进行分行，则必须在括号（包括圆括号、方括号和花括号）内进行，分行后的第二行一般缩进 4 个空格，但是为了代码的美观，建议分行后的第二行缩进至与上一行代码对齐，以清晰地展示逻辑层次。

```
from pandas import DataFrame        #导入模块中的函数
from pandas import Series
df =DataFrame({'age':Series([26,85,64]),
               'name':Series(['Ben','Joh','Jef'])})
print(df)
```

1.3.5 print()的作用

所有的计算机语言基本上都有这么一句开篇的代码：print("Hello World!")。

Python 当然也不例外。在原生 IDLE 编辑器提示符>>>下直接输入 print("Hello World!")并按“Enter”键，观察其效果。

如果不出意外，应该输出如下代码：

```
>>>print("Hello World !")
Hello World !
```

若出意外，有以下两种可能。

（1）print 后面的括号为中文状态下的括号。代码里的括号应是英文状态下的括号，即半角状态的括号。

（2）忘记将需输出的内容用半角状态的引号（单引号或双引号）引起来。

print( )的作用是在输出窗口中显示一些文本或计算结果，以便于监控和验证数据。

print( )函数可以带参数 end，如在例 1-2 中对最后一行代码进行修改，添加 end=';'，发现其输出的 1、2、3 不再是各占一行，而是用“;”分隔后显示在一行上。

【例 1-3】输出参数设置。

```
In [1]: lis=[1,2,3]
        for i in lis:   #半角状态冒号不能少，下一行注意缩进
            print(i, end=';' )

Out [1] 1;2;3;
```

例 1-1 的代码也可以写成如下代码来实现。

```
s = "I'm a new comer."
for i in range(len(s)):
    print(s[i],end=';')
```

上面的代码输出与例 1-1 代码输出一致。

```
I;';m; ;a; ;n;e;w; ;c;o;m;e;r;.;
```

这里 print()函数中的 end 参数表示输出时使用等号后的符号将要输出的每一个字符隔开，并输出在一行。

1.4 运算符

计算机处理代码，大部分都是在做逻辑运算或数学运算，这就涉及变量和表达式之间的连接符号，这些符号称为运算符。

1.4.1 算术运算符

算术运算符是表示四则运算的符号，类似于数学中的加号、减号、乘号、除号等，它们的运算规则也是先乘除后加减，有括号的先计算括号内的。具体的算术运算符如表 1-1 所示。

表 1-1　算术运算符

运算符	说明	示例	运算结果
+	加：两个操作数相加	1.2 + 3	4.2
−	减：两个操作数相减	2 − 1	1
*	乘：两个操作数相乘，或返回一个被重复若干次的字符串	3 * 5 'a'*3	15 'aaa'
/	除：两个操作数相除（运算结果总是浮点数）	4 / 2	2.0
%	取模：返回除法（/）的余数	7 % 2	1
//	取整除：返回商的整数部分	7 // 2	3
**	幂：返回一个操作数（x）的另一个操作数（y）次幂，相当于 pow(x,y)	2 ** 3	8

【例 1-4】数学运算。

```
In [1]: 6 % 3     #取余
Out[1]: 0

In [2]: 5 // 2    #取商
Out[2]: 2
```

有些数学运算也可以直接使用函数来实现。常用的数学函数如表 1-2 所示。

表 1-2　常用的数学函数

函数	说明	示例	运算结果
abs(x)	返回 x 的绝对值	abs(-2)	2
int(x)	返回 x 的整数部分	int(2.7)	2
float(x)	返回 x 的浮点数形式	float(3)	3.0
complex(re, im)	定义复数	complex(1, -2)	(1-2j)
c.conjugate()	返回复数的共轭复数	complex(1, -2).conjugate()	(1+2j)
divmod(x, y)	相当于(x//y, x%y)	divmod(5, 2)	(2, 1)
pow(x, y)	返回 x 的 y 次方	pow(2, 3)	8

```
In [3]: int(2.7) #取整
Out[3]: 2

In [4]: divmod(7, 3)
Out[4]: (2, 1)

In [5]: pow(2, 3)
Out[5]: 8
```

1.4.2 赋值运算符

在运行代码的过程中经常要给变量赋值，赋值运算符如表 1-3 所示。

表 1-3 赋值运算符

运算符	示例	示例说明
=	x=2	把 2 赋给 x
+=	x+=2	把 x 加 2 再赋给 x，即 x=x+2
–=	x–=2	把 x 减 2 再赋给 x，即 x=x–2
*=	x*=2	把 x 乘以 2 再赋给 x，即 x=x*2
/=	x/=2	把 x 除以 2 再赋给 x，即 x=x/2
%=	x%=2	把 x 除以 2 取模（取余数）再赋给 x，即 x=x%2
//=	x//=2	把 x 除以 2 取整数再赋给 x，即 x=x//2
**=	x**=2	把 x 的 2 次幂赋给 x，即 x=x**2

【例 1-5】赋值运算。

```
In [1]: i = 0
   ...: i = i+1
   ...: print(i)
Out[1] 1

In [2]: i += 1    #此处 i 的值已经是 1 了
   ...: print(i)
Out[2] 2
```

这里的 i=i+1 为了提高代码的可读性、提高运算效率，一般写成 i+=1 的形式。因为 In[2]行中的 i 已经在 In[1]中自身增加了 1，所以 i 的值已经由 0 变成 1 了，在 In[2]行再加 1，其输出结果为 2。

1.4.3 逻辑/比较运算符

逻辑运算符用于对真（True）和假（False）两种布尔值进行运算，其运算结果仍然是一个布尔值。Python 中的逻辑运算主要包括逻辑与（and）、逻辑或（or）、逻辑非（not）。

逻辑运算符如表 1-4 所示。

表 1-4 逻辑运算符

运算符	说明	示例
and	逻辑与，左至右：当 and 两侧均为 True 时返回 True，否则返回 False	x and y
or	逻辑或，左至右：当 or 两侧有一侧为 True 时返回 True，否则返回 False	x or y
not	逻辑非，右至左：如果右侧为 False 则返回 True；否则返回 False	not x

对变量或者表达式的结果进行大小比较的运算符，称为比较运算符或关系运算符。比较运算符如表 1-5 所示。

表 1-5 比较运算符

运算符	说明	示例
>	大于：如果左操作数大于右操作数，则为 True	x>y
<	小于：如果左操作数小于右操作数，则为 True	x<y
==	等于：如果两个操作数相等，则为 True	x==y
!=	不等于：如果两个操作数不相等，则为 True	x!=y
>=	大于等于：如果左操作数大于或等于右操作数，则为 True	x>=y
<=	小于等于：如果左操作数小于或等于右操作数，则为 True	x<=y

【**例 1-6**】比较运算。

```
In [1]: 5 == 4 or 5 != 4
Out[1]: True
```

5==4 表示 5 和 4 是相等的，这显然不对，其运算结果为 False；5 != 4 表示 5 和 4 是不相等的，其运算结果为 True；or 两侧只要有一侧为 True 则返回 True，故结果为 True。

为了使表达式之间的关系更明晰，上面的代码可以写成(5==4) or (5!=4)。

```
In [2]: (5 == 4) or (5 != 4)
Out[2]: True
```

1.4.4 成员/身份运算符

成员、身份运算表示的是归属判断。成员运算符用于判断变量或表达式是否在某个指定的序列中，成员运算符如表 1-6 所示。而身份运算符用于判断和检查两个变量或表达式是否位于存储器的同一部分，身份运算符如表 1-7 所示。

表 1-6 成员运算符

运算符	说明	示例
in	如果在指定序列中找到变量或表达式的值，则返回 True，否则返回 False	2 in x
not in	如果在指定序列中没有找到变量或表达式的值，则返回 True，否则返回 False	2 not in x

表 1-7 身份运算符

运算符	说明	示例
is	如果操作数相同，则为 True（引用同一个对象）	x is y
is not	如果操作数不相同，则为 True（引用不同的对象）	x is not y

【**例 1-7**】成员、身份运算。

```
In [1]: s = "I am a teacher."
   ...: t = "I am old."
   ...: "I" in s
Out[1]: True

In [2]: t is s
Out[2]: False
```

1.4.5 位运算符

位运算符用于进行二进制运算，因此在进行位运算时，需要先进行二进制转换，再按位进行运算。位运算符如表 1-8 所示。

表 1-8　位运算符

运算符	说明	示例
&	按位与（AND）：参与运算的两个操作数的相应位都为 1，则该位的结果为 1，否则为 0	x&y
|	按位或（OR）：参与运算的两个操作数的相应位有一个为 1，则该位的结果为 1，否则为 0	x|y
～	按位翻转/取反（NOT）：对操作数的每个二进制位取反，即把 1 变为 0、把 0 变为 1	～x
^	按位异或（XOR）：当两个操作数对应的二进制位相异时，结果为 1	x^y
>>	按位右移：将操作数的各个二进制位全部右移若干位	x>>2
<<	按位左移：将操作数的各个二进制位全部左移若干位，高位丢弃，低位不补 0	x<<2

【例 1-8】位运算。

```
In [1]: print("12&7 的计算结果为"+str(12&7))
Out [1] 12&7 的计算结果为 4

In [2]: print("12|7 的计算结果为"+str(12|7))
Out [2] 12|7 的计算结果为 15

In [3]: print("12^7 的计算结果为"+str(12^7))
Out [3] 12^7 的计算结果为 11

In [4]: print("～12 的计算结果为"+str(~12))
Out [4] ～12 的计算结果为-13
```

1.4.6 运算符的优先级

运算符的优先级是指在表达式运算中哪一部分先计算，哪一部分后计算，类似于数学中的四则运算。同一优先级的运算从左至右执行。有括号的，先执行括号内的运算。运算符的优先级如表 1-9 所示。

表 1-9　运算符的优先级

类型	说明	优先级
**	幂	由下至上依次提高
～、+、-	按位取反、正号、负号	
*、/、%、//	乘、除、取模、取整除	
+、-	加、减	
<<、>>	按位左移、按位右移	
&	按位与	
^	按位异或	
|	按位或	
<、<=、>、>=、!=、==	小于、小于等于、大于、大于等于、不等于、等于	

【例 1-9】运算优先级。

```
In [1]: 6 < 5+2**(3-6%2)
Out[1]: True
```

微课视频

本章实践

1. 在 Anaconda 下安装 jieba 分词库。
2. 用 print( )输出以下古词。

《减字木兰花・立春》
春牛春杖，无限春风来海上。
便丐春工，染得桃红似肉红。
春幡春胜，一阵春风吹酒醒。
不似天涯，卷起杨花似雪花。

第2章 数据类型

本章知识点导图

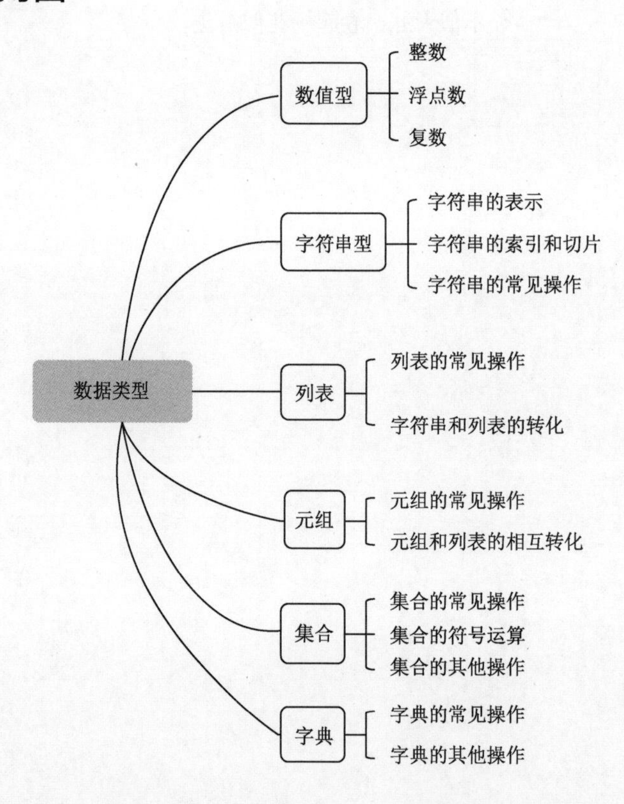

计算机诞生之初，肩负的最重要的使命便是计算。计算需要数字，于是人们规定了数字的表示方法、数字的使用方法等。但很快，计算机不仅需要处理数字，还需要处理字符，甚至是其他的信息，这时问题就出现了：数字和其他的信息有很大的不同。例如，如何用简单的几个数据来描述你的一位同学？答案可能是张华、男、20岁、身高185cm、体重80.5kg、读法律专业等。在这些描述中，出现了整数、小数、文字等多种表示数据的形式，即数据类型。对计算机而言，不同的数据类型在编码、存储和处理上的方式方法不同，因此需要区别对待。在Python中也是如此。

本章主要介绍Python的内置数据类型，主要分为基本数据类型和复合数据类型两类。其中，基本数据类型包括数值型和字符串型等，复合数据类型包括列表、元组、集合和字典。掌握常见数据类型的特点及其操作是进行Python程序设计的必要基础。

2.1 数值型

在数学中，经常用到整数、小数、复数等数值类型，在计算机语言中，数值型主要包括整数（int）、浮点数（float）和复数（complex）3类。

2.1.1 整数

没有小数部分的数称为整数（整型），如34、18000、–45等。与其他程序设计语言不同，Python的整数位数几乎没有限制，只受计算机内存的限制。Python中可以计算3的100次幂这样非常大的数，如例2-1所示。

【**例2-1**】计算3的100次幂。

```
In [1]: a = 3 ** 100        #求3的100次幂
   ...: print(a)
Out[1]: 515377520732011331036461129765621272702107522001
```

Python中还支持用不同进制来表示数。其中，十进制是默认方式，如果使用二进制、八进制或十六进制来表示数，则需要加上0b、0o或0x的前缀。

【**例2-2**】用不同进制来表示数。

```
In [1]: a = 0b1010          #这里的1010是十进制数10的二进制形式
   ...: print(a)
Out[1]: 10
In [2]: b = 0o117           #这里的117是十进制数79的八进制形式
   ...: print(b)
Out[2]: 79
In [3]: c = 0x2F            #这里的2F是十进制数47的十六进制形式
   ...: print(c)
Out[3]: 47
```

也可使用内置函数将十进制数转换为二进制数、八进制数或十六进制数。

```
In [1]: n = 888
   ...: bin(n)              #转换为二进制数
Out[1]: '0b1101111000'

In [2]: oct(n)              #转换为八进制数
Out[2]: '0o1570'

In [3]: hex(n)              #转换为十六进制数
Out[3]: '0x378'
```

2.1.2 浮点数

有小数部分的数称为浮点数（浮点型），如3.14、319.56、–15.0、–289.7等。和整数不同，Python的浮点数是有范围限制的，一般为-10^{308}到10^{308}。浮点数除了可以用普通十进制来表示外，也可以用科学计数法来表示。例如，123.456789也可表示为1.23456789e2。

2.1.3 复数

包含虚部的数称为复数，如 30 + 5j、1.34 –3j 等。复数可以直接表示，也可以用 complex( )函数表示，如例 2-3 所示。

【例 2-3】表示复数。

```
In [1]: a = 30 + 5j                    #直接表示
   ...: print(a)
Out[1]: (30+5j)
In [2]: b = complex(30, 5)             #用 complex()函数表示
   ...: print(b)
Out[2]: (30+5j)
```

2.2 字符串型

字符串型是 Python 中较常用的数据类型。有序的字符集合称为字符串，是不可变对象。

2.2.1 字符串的表示

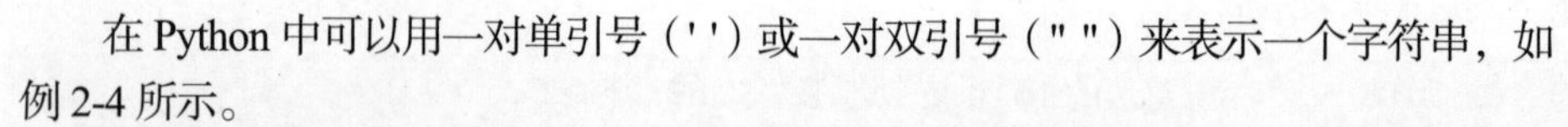

在 Python 中可以用一对单引号（' '）或一对双引号（" "）来表示一个字符串，如例 2-4 所示。

【例 2-4】表示字符串。

```
In [1]: s1 = '张华'                    #用一对单引号表示字符串
   ...: print(s1)
Out[1]: 张华
In [2]: s2 = "I love China!"           #用一对双引号表示字符串
   ...: print(s2)
Out[2]: I love China!
```

如果字符串本身包含单引号或者双引号，如 He said "Yes"、She is a 'baby panda'、doesn't 等，可以用单引号和双引号组合的方式表示字符串，如例 2-5 所示。

【例 2-5】表示字符串。

```
In [1]: s1 = 'He said "Yes"'           #用单引号和双引号组合的方式表示字符串
   ...: print(s1)
Out[1]: He said "Yes"
In [2]: s2 = "She is a 'baby panda'"
   ...: print(s2)
Out[2]: She is a 'baby panda'
In [3]: s3 = "doesn't"
   ...: print(s3)
Out[3]: doesn't
```

也可以用反斜线（\）来原样输出单引号，如例 2-6 所示。

【例 2-6】用 "\" 原样输出单引号。

```
In [1]: s3 = 'doesn\'t'                #反斜线可以让 n 和 t 中间的单引号原样输出
   ...: print(s3)
Out[1]: doesn't
```

对于多行字符串，可以用一对三引号（''' '''或""" """）引起来表示，也可以用转义符（\n）表示，如例 2-7 中的 In[1]、In[2]和 In[3]所示。在字符串中有一种情况要注意，如 "c:\cba\names" 表示的是路径，

但因为其中有\n的存在，而被误认为是换行符（见例2-7中的In[4]），这时可以用例2-7中In[5]的方法，在字符串前加“r”（r代表raw string）。

【例2-7】表示多行字符串。

```
In [1]: s1 = '''This is the first line.
   ...:          This is the second line.
   ...:          This is the third line.'''
   ...: print(s1)
Out[1]: This is the first line.
        This is the second line.
        This is the third line.
In [2]: s2 = """This is the first line.
   ...:      This is the second line.
   ...:      This is the third line."""
   ...: print(s2)
Out[2]: This is the first line.
        This is the second line.
        This is the third line.
In [3]: s3 = "This is the first line.\nThis is the second line.\nThis is the third 
line."
   ...: print(s3)
Out[3]: This is the first line.
        This is the second line.
        This is the third line.
In [4]: s4 = 'c:\cba\names'
   ...: print(s4)
Out[4]: c:\cba
        ames
In [5]: s5 = r'c:\cba\names'
   ...: print(s5)
Out[5]: c:\cba\names
```

转义符用于将特殊的字符转化为普通的字符，以及用于表示用键盘无法直接输入的字符（如回车符）。例如，如果在代码中只想输出“\”，或者需要在一个字符串中嵌入一个单引号“'”等，在符号前再加一个反斜线“\”即可。

常用的转义符如下。

- \n：换行符，将文本插入点移到下一行开头。
- \t：制表符（按Tab键输入），一般一个制表符相当于4个空格。
- \b：退格（Backspace），将文本插入点移到前一列。
- \\：反斜线。
- \'：单引号。
- \"：双引号。
- \：在行尾表示续行符，即一行未完，转到下一行继续写。

2.2.2 字符串的索引和切片

字符串中的每个字符是有顺序的，字符的顺序号就是索引（Index）。

1．字符串的索引

可以通过索引来访问字符串中的每一个元素。一般来说，索引是从0开始的自然数，从左到右依次为0、1、2……，例如s[0]、s[1]、s[5]分别表示字符串s中的第1个、第2个和第6个元素；索引也可以用逆序号表示，从右到左依次为-1、-2、-3……，例如s[-1]、s[-3]分别表示字符串s中的倒数第1

个和倒数第 3 个元素，如例 2-8 所示。字符串“python”中有 6 个字符，其每个元素的索引可以有两种表示方式，如表 2-1 所示。

【例 2-8】字符串的索引。

```
In [1]: str1 = 'I love Python'
   ...: print(str1[0])          #索引为 0 代表字符串中的第 1 个元素
   ...: print(str1[4])          #索引为 4 代表字符串中的第 5 个元素，注意空格也是字符
   ...: print(str1[-2])         #索引为-2 代表字符串中的倒数第 2 个元素
Out[1]: I
        v
        o
```

表 2-1　字符串“python”的两种索引

字符串		p	y	t	h	o	n
索引	顺序	0	1	2	3	4	5
	逆序	–6	–5	–4	–3	–2	–1

例如，字符串“love”中的字符“e”可以表示为 love[3]或者 love[-1]。

在 Python 中，表示范围的顺序号都是从 0 开始，而不是从 1 开始的。

2．字符串的切片

除了提取字符串中的单个元素之外，在很多情况下还需要得到字符串中多于一个元素的子串，这就要用到字符串的切片操作了，如从身份证号中提取出生年月日及代表出生地的号码等。

切片操作也是通过索引来完成的，格式如下。

```
字符串[start: stop: step]
```

其中，start 为切片起始位置的索引，当从第一个元素开始取时可省略不写；stop 为切片结束位置的索引，当取到最后一个元素时可省略不写；step 为步长，默认值为 1，表示按照顺序取；step 为 2 表示隔一个取一个。

需要特别注意的是，切片的范围是左包含、右不包含的一个左闭右开的区间。也就是说，切片结果并不包含 stop 对应的元素，而是到其前一个元素就停止了。字符串的切片如例 2-9 所示。

【例 2-9】字符串的切片。

```
In [1]: str1 = 'I love Python'
   ...: print(str1[0:3])            #索引为 0 到索引为 2 的元素的切片
   ...: print(str1[2:6])            #索引为 2 到索引为 5 的元素的切片
   ...: print(str1[2:9:2])          #索引为 2、4、6、8 的元素的切片
Out[1]: I l
        love
        lv y
In [2]: print(str1[:5])             #省略 start 代表从第一个元素开始取
   ...: print(str1[3:])             #省略 stop 代表取到最后一个元素
   ...: print(str1[:])              #切片就是整个字符串本身
   ...: print(str1[-2:])            #从倒数第 2 个元素一直到字符串结尾的切片
Out[2]: I lov
        ove Python
        I love Python
        on
```

2.2.3 字符串的常见操作

1．获取字符串的长度

可以用 Python 内置函数 len( )来获取字符串的长度，如例 2-10 所示。

【例 2-10】获取字符串的长度。

```
In [1]: str1 = 'I love Python'
   ...: print(len(str1))
Out[1]: 13
```

2．判断字符串是否完全由数字组成

可以用 isdigit( )方法判断字符串是否完全由数字组成，是则返回 True，否则返回 False。

【例 2-11】isdigit( )方法。

```
In [1]: str1 = 'abc123'
   ...: str2 = '12345'
   ...: str3 = '3²'
In [2]: print(str1.isdigit())        #包含非数字字符，返回 False
Out[2]: False
In [3]: print(str2.isdigit())        #全数字字符串，返回 True
Out[3]: True
In [4]: print(str3.isdigit())        #指数也是数字，返回 True
Out[4]: True
```

事实上，Python 还提供了很多个用于判断字符串中字符类别的方法，如 isnumeric( )（是否仅包含数字）、isdecimal( )（是否仅包含数字）、isalpha( )（是否由字母组成）、isalnum( )（是否由字母或数字组成）等，感兴趣的读者可以查阅相关资料进一步了解。表 2-2 给出了 isdigit( )、isnumeric( )、isdecimal( )的区别。

表 2-2　isdigit( )、isnumeric( )、isdecimal( )的区别

数字类型	方法	能否判别
unicode（半角）	isdigit( )	能
	isnumeric( )	能
	isdecimal( )	能
全角数字	isdigit( )	能
	isnumeric( )	能
	isdecimal( )	能
bytes 数字	isdigit( )	能
	isnumeric( )	否
	isdecimal( )	否
阿拉伯数字	isdigit( )	否
	isnumeric( )	能
	isdecimal( )	否
汉字数字	isdigit( )	否
	isnumeric( )	能
	isdecimal( )	否

3. 合并字符串

合并字符串是指将两个或多个字符串合并成一个字符串，可以用“+”运算符来实现，如例 2-12 中的 In[1]所示。Python 也支持通过直接将多个字符串依次写出进行合并的方法，如例 2-12 中的 In[2]所示。

【例 2-12】合并字符串。

```
In [1]: str1 = 'Py'
   ...: str2 = 'thon'
   ...: print(str1 + str2)          #利用“+”将两个字符串合并
Out[1]: Python
In [2]: print('abc''123''cba')      #可以直接将多个字符串写在一起进行合并
Out[2]: abc123cba
```

4. 分割字符串

可以使用 split( )方法进行字符串的分割，其基本格式如下。

```
字符串.split(sep, maxsplit)
```

其中，sep 表示分割字符串的分隔符，是可选参数，默认值为 None；maxsplit 表示分割操作的次数，是可选参数，默认值为-1，即不限次数。

值得注意的是，split( )方法的返回结果是一个列表。有关列表的概念，请参看本书的 2.3 节。

【例 2-13】分割字符串。

```
In [1]: str1 = 'I love Python'
   ...: print(str1.split())         #使用默认的分隔符分割
   ...: str2 = 'Beijing,Shanghai,Chongqing'
   ...: print(str2.split(','))      #使用逗号作为分隔符
   ...: str3 = 'John#Mary#Susan#Mike#Alice'
   ...: print(str3.split('#', 2)) #使用#作为分隔符，并进行 2+1（maxsplit+1）次分割
Out[1]: ['I', 'love', 'Python']
        ['Beijing', 'Shanghai', 'Chongqing']
        ['John', 'Mary', 'Susan#Mike#Alice']
```

5. 删除字符串开头/结尾空格

在做数据清洗时，常需要删除字符串两侧的空格。可删除字符串开头或结尾空格的方法有 strip( )、lstrip( )和 rstrip( )。其中，lstrip( )可以删除字符串开头的空格（即左侧的空格），rstrip( )可以删除字符串结尾的空格（即右侧的空格），而 strip( )可以同时删除字符串开头和结尾的空格，如例 2-14 所示。

注意：为了更好地显示删除空格的效果，在例 2-14 的 Out[1]中加上了单引号以显示空格，实际的输出是没有单引号的。

【例 2-14】删除字符串开头/结尾空格。

```
In [1]: str1 = '    New York     '
   ...: print(str1.lstrip())            #删除开头的空格
   ...: print(str1.rstrip())            #删除结尾的空格
   ...: print(str1.strip())             #删除开头和结尾的空格
Out[1]: 'New York     '
        '    New York'
        'New York'
```

另外，这 3 个方法还可以加上一组字符参数，指定要删除的内容，如例 2-15 所示。

【例 2-15】删除字符串开头/结尾指定的字符。

```
In [1]: str1 = '#..!New York,Beijing#@..'
   ...: print(str1.lstrip('@!#.'))          #删除开头的@、!、#和.
Out[1]: New York,Beijing#@..

In [2]: print(str1.rstrip('@!#.'))          #删除结尾的@、!、#和.
Out[2]: #..!New York,Beijing

In [3]: print(str1.strip('@!#.'))           #删除开头和结尾的@、!、#和.
Out[3]: New York,Beijing
```

6．查找

在字符串中查找特定的字符或子串（字符串的一部分）通常使用以下方法。

（1）find( )方法

find( )方法可以返回待查找的字符或子串在字符串中首次出现的索引，如果没有找到则返回-1。其格式如下。

```
字符串.find(substring, start, end)
```

其中，substring 是必选参数，表示待查找的字符或子串；start 是可选参数，表示查找的起始位置，默认为 0；end 是可选参数，表示查找的结束位置，默认为字符串的结尾。

【例 2-16】用 find( )方法查找字符或子串。

```
In [1]: str1 = 'I love Python'
   ...: print(str1.find('o'))               #返回字符"o"第一次出现的索引
   ...: print(str1.find('Py'))              #返回子串"Py"第一次出现的索引
   ...: print(str1.find('py'))              #如果字符串中没有子串"py"，则返回-1
   ...: print(str1.find('love', -1,-6))     #-1,-6 代表查找的范围
   ...: print(str1.find('love', 0,8))
Out[1]: 3
        7
        -1
        -1
        2
```

（2）index( )方法

index( )方法和 find( )方法的功能类似，区别只是当找不到的时候，index( )方法会报错（ValueError: substring not found）。

【例 2-17】利用 index( )方法求某一元素的索引。

```
In [1]: str1 = 'I love Python'
   ...: print(str1.index('P'))          #返回字符"P"第一次出现的索引
   ...: print(str1.index('on'))         #返回子串"on"第一次出现的索引
Out[1]: 7
        11
```

（3）rfind( )方法

rfind( )方法可以返回待查找的字符或子串在字符串中最后一次出现的索引，如果没有找到则返回-1，其格式与 find( )方法类似。

【例 2-18】用 rfind( )方法查找字符或子串。

```
In [1]: str1 = 'I love Python.Do you love it too?'
   ...: print(str1.rfind('o'))                  #返回字符"o"最后一次出现的索引
```

```
   ...: print(str1.rfind('py'))            #如果字符串中没有子串“py”，则返回-1
   ...: print(str1.rfind('love'))          #返回子串“love”最后一次出现的索引
   ...: print(str1.rfind('love', 0,8))     #指定查找范围
Out[1]: 31
        -1
        21
        2
```

（4）rindex( )方法

rindex( )方法和 rfind( )方法的功能类似，区别只是当找不到的时候，rindex( )方法会报错（ValueError:substring not found）。

（5）count( )方法

count( )方法可以返回指定字符串出现的次数，其格式和 find( )方法类似。

【例 2-19】用 count( )方法统计指定字符串出现的次数。

```
In [1]: str1 = 'I love Python.Do you love it too?'
   ...: print(str1.count('o'))          #返回字符“o”出现的次数
   ...: print(str1.count('love'))       #返回子串“love”出现的次数
   ...: print(str1.count('o',3,12))     #返回字符“o”在索引为 3~12 的元素中出现的次数
Out[1]: 7
        2
        2
```

7. 替换

可以使用 replace( )方法将字符串中的某个字符或者子串替换成别的字符或字符串。其格式如下。

```
字符串.replace(old, new)
```

其中，old 表示需要被替换掉的字符或者子串；new 表示用于替换字符或者字符串。

```
In [1]: s="我是一名大学生"
In [2]: s.replace("大学生","大学老师")
Out[2]: '我是一名大学老师'
```

在 Python 中，还有其他操作字符串的方法，如 istitle( )、upper( )、lower( )等，感兴趣的读者可以查阅相关资料进一步了解。

2.3 列表

列表是一种有序的集合，用方括号（[]）表示，其元素用逗号分隔。元素可以是多种数据类型，甚至也是列表。

【例 2-20】列表的定义。

```
In [1]: list1 = [10,20,30,40,50]             #创建一个含有 5 个元素的列表
   ...: print(list1)
Out[1]: [10, 20, 30, 40, 50]
In [2]: list2 = ['John',20,158.3,True]      #列表中可以包含不同类型的元素
   ...: print(list2)
Out[2]: ['John', 20, 158.3, True]
```

列表有以下几个特点。

（1）有序性：和字符串一样，列表也是一种有序的集合。这也就意味着，列表中的元素有特定的顺序。

（2）可变性：列表是一种可变对象，可以直接对列表元素进行增加、修改、删除等操作。

（3）异构性：列表中的元素可以是任何数据类型，甚至可以是列表。

2.3.1 列表的常见操作

1. 索引和切片

作为一种有序数据集合类型，列表也可以通过索引来访问单个元素或部分元素的集合，方法和字符串一样。

【例 2-21】 列表的索引和切片。

```
In [1]: list1 = [10,20,30,40,50,60,70,80,90]
   ...: print(list1[2])        #索引为 2 的元素，即第 3 个元素
   ...: print(list1[2:7])      #索引为 2 到 6 的元素，即第 3 到第 7 个元素
Out[1]: 30
        [30, 40, 50, 60, 70]
In [2]: print(list1[:7])       #索引为 0 到 6 的元素，即第 1 到第 7 个元素
   ...: print(list1[:7:2])     #索引为 0、2、4、6 的元素，即第 1、3、5、7 个元素
Out[2]: [10, 20, 30, 40, 50, 60, 70]
        [10, 30, 50, 70]
In [3]: print(list1[-3])       #倒数第 3 个元素
   ...: print(list1[::-1])     #逆序
Out[3]: 70
        [90, 80, 70, 60, 50, 40, 30, 20, 10]
```

2. 获取列表长度（元素个数）

方法同字符串，通过 len( )函数获取列表中元素的个数。

【例 2-22】 获取列表长度。

```
In [1]: list1 = [10,20,30,40,50,60,70,80,90]
   ...: print(len(list1))           #获取列表长度
Out[1]: 9
```

3. 修改列表元素的值

由于列表本身是可变对象，因此可以直接通过赋值的方式修改元素的值。

【例 2-23】 列表元素值的修改。

```
In [1]: list1 = [10,20,30,40,50,60,70,80,90]
   ...: list1[3] = 400              #将第 4 个元素的值改为 400
   ...: print(list1)
Out[1]: [ 10,20,30,400,50,60,70,80,90]
In [2]: list1[:3] = [1,2,3]         #将第 0、1、2 个元素的值分别改为 1、2、3
   ...: print(list1)
Out[2]: [1, 2, 3, 400, 50, 60, 70, 80, 90]
```

4. 增加列表元素

根据增加元素的不同位置，增加列表元素的操作主要分为在列表的末尾追加元素和在列表中插入元素两种。

（1）追加元素

在列表的末尾追加一个元素可用 append( )方法。

注意：这个操作是直接在原始列表上进行的，会直接改变原始列表。

当追加的是一个列表时，这个列表会作为一个元素被追加（以成员方式追加）到原始列表中，如例 2-24 中的 In[2]所示。如果想让待追加的列表中的每个元素单独地追加到原始列表中（合并列表），即将两个列表中的元素放在一起，形成一个新的列表，可使用 extend( )方法，如例 2-24 中的 In[3]所示。合并列表也可以用“+”运算符来实现。

【例 2-24】列表元素追加。

```
In [1]: list1 = [10,20,30,40]
   ...: list1.append(50)           #将 50 追加到 list1 的末尾
   ...: print(list1)               #append()方法会修改原始列表
Out[1]: [10,20,30,40,50]
In [2]: list1 = [10,20,30,40]
   ...: list1.append([60,70,80])  #列表[60,70,80]作为一个元素被追加到 list1
   ...: print(list1)
Out[2]: [10, 20, 30, 40, [60, 70, 80]]
In [3]: list1 = [10,20,30,40]
   ...: list2 = [60,70,80]
   ...: list1.extend(list2)        #将 list2 的每个元素单独追加到 list1
   ...: print(list1)
Out[3]: [10, 20, 30, 40, 60, 70, 80]
```

（2）插入元素

通常使用 insert( )方法在列表的指定位置添加元素，其格式如下。

```
列表.insert(i, x)
```

其中，i 是必选参数，表示指定的位置；x 是必选参数，表示待添加的元素。

注意：insert( )方法会直接修改原始列表。

【例 2-25】列表元素插入。

```
In [1]: list1 = [10,20,30,40]
   ...: list1.insert(2, 100)                   #将 100 插入 list1 中索引为 2 的位置
   ...: print(list1)
Out[1]: [10, 20, 100, 30, 40]
In [2]: list2 = ['apple','orange','banana','kiwi']
   ...: list2.insert(len(list2), 'grape')      #与追加操作结果相同
   ...: print(list2)
Out[2]: ['apple', 'orange', 'banana', 'kiwi', 'grape']
```

5．删除列表元素

除了增加、修改元素之外，列表还支持元素的删除操作，常见的方法有以下几种。

（1）del 语句

使用 del 语句删除列表元素的基本格式如下。

```
del 列表[i]
```

其中，i 是必选参数，表示待删除元素的索引。

注意：del 语句会直接改变原始列表。

【例 2-26】使用 del 语句删除列表元素。

```
In [1]: list1 = [10,20,30,40]
   ...: del list1[1]               #将索引为 1 的元素删除
   ...: print(list1)
Out[1]: [10, 30, 40]
```

```
In [2]: list2 = ['apple','orange','banana','kiwi']
   ...: del list2[2:]             #将索引为 2 的元素及之后的所有元素删除
   ...: print(list2)
Out[2]: ['apple', 'orange']
In [3]: list3 = ['apple','orange','banana','kiwi','grape','lemon','berry']
   ...: del list3[1:6:2]           #将索引为 1、3、5 的元素删除
   ...: print(list3)
Out[3]: ['apple', 'banana', 'grape', 'berry']
```

（2）pop( )方法

使用 pop( )方法删除列表元素的基本格式如下。

```
列表.pop(i)
```

其中，i 是可选参数，表示待删除元素的索引，默认值为-1。

注意： pop( )方法会直接改变原始列表。

【例 2-27】 使用 pop( )方法删除列表元素。

```
In [1]: list1 = [10,20,30,40]
   ...: list1.pop(1)              #将索引为 1 的元素删除
   ...: print(list1)
Out[1]: [10, 30, 40]
In [2]: list2 = ['apple','orange','banana','kiwi']
   ...: list2.pop()               #默认值为-1，也就是删除最后一个元素
   ...: print(list2)
Out[2]: ['apple', 'orange', 'banana']
```

（3）remove( )方法

使用 remove( )方法可以删除列表中的指定值，其基本格式如下。

```
列表.remove(x)
```

其中，x 是必选参数，表示待删除元素的值。

关于 remove( )方法，有两点需要特别注意。第一，该方法会直接改变原始列表；第二，该方法只能删除列表中第一次出现的指定值，即有多个元素与要删除的元素的值相同时，只删除索引最小的元素。如果要删除所有指定值，需要结合循环语句来完成。有关循环语句的内容，3.4 节会介绍。

【例 2-28】 使用 remove( )方法删除列表元素。

```
In [1]: list1 = [10,20,30,20,50,40,30]
   ...: list1.remove(40)        #将值为 40 的元素从列表中删除
   ...: print(list1)
Out[1]: [10, 20, 30, 20, 50, 30]
In [2]: list2 = [10,20,30,20,50,40,30]
   ...: list2.remove(20)        #列表中有两个值为 20 的元素，remove()方法只能删除第一个
   ...: print(list2)
Out[2]: [10, 30, 20, 50, 40, 30]
```

（4）clear( )方法

利用 clear( )方法可以直接删除列表中的所有元素，该方法也会直接修改原始列表。

【例 2-29】 使用 clear( )方法删除列表的所有元素。

```
In [1]: list1 = [10,20,30,20,50,40,30]
   ...: list1.clear()            #删除 list1 的所有元素，无参数
   ...: print(list1)
Out[1]: []
```

6．排序

Python 提供了两种方式对列表中的元素进行排序。

（1）sort( )方法

sort( )方法的基本格式如下。

```
列表.sort(reverse = False)
```

其中，reverse 表示是否为降序，默认值为 False（升序）。

需要注意的是，sort( )方法会直接修改原始列表。

【**例 2-30**】使用 sort( )方法对列表进行排序。

```
In [1]: list1 = [59,12,-3,100,34,7,79,68,10,99]
   ...: list1.sort()                        #将 list1 进行升序排列
   ...: print(list1)
Out[1]: [-3, 7, 10, 12, 34, 59, 68, 79, 99, 100]
In [2]: list2 = [59,12,-3,100,34,7,79,68,10,99]
   ...: list2.sort(reverse = True)          #将 list2 进行降序排列
   ...: print(list2)
Out[2]: [100, 99, 79, 68, 59, 34, 12, 10, 7, -3]
In [3]: list3 = ['banana','kiwi','apple','orange']
   ...: list3.sort()                        #将 list3 按字母进行升序排列
   ...: print(list3)
Out[3]: ['apple', 'banana', 'kiwi', 'orange']
```

（2）sorted( )函数

Python 提供的内置函数 sorted( )也可以进行列表的排序。与 sort( )方法不同的是，sorted( )函数不会直接修改原始列表，而是返回一个新的排序后的列表。

【**例 2-31**】使用 sorted( )函数对列表进行排序。

```
In [1]: list1 = [59,12,-3,100,34,7,79,68,10,99]
   ...: a = sorted(list1,reverse = True)  #将 list1 进行降序排列,并将返回结果赋给 a
   ...: print(a)
   ...: print(list1)                        #使用 sorted()函数不会影响原始列表 list1
Out[1]: [100, 99, 79, 68, 59, 34, 12, 10, 7, -3]
        [59, 12, -3, 100, 34, 7, 79, 68, 10, 99]
```

7．查找与统计

（1）查找 index( )

和字符串一样，列表也可以利用 index( )方法得到指定项在列表中首次出现的索引。如果指定项不在列表中，系统会报错。

【**例 2-32**】使用 index( )方法查找指定项在列表中首次出现的索引。

```
In [1]: list1 = [59,12,-3,100,34,7,79,34,12,99]
   ...: print(list1.index(34))
Out[1]: 4
```

（2）统计 count( )

count( )方法可以返回指定项在列表中出现的次数。

【**例 2-33**】使用 count( )方法统计指定项出现的次数。

```
In [1]: list1 = [59,34,-3,100,34,7,79,34,34,99]
   ...: print(list1.count(34))
Out[1]: 4
```

2.3.2 字符串和列表的转化

在数据处理中，有时需要将字符串转化为列表，有时需要将列表转化为字符串。可以直接使用 list( )方法，也可以使用间接的方法，示例代码如下。

```
In [1]: a = "python"

In [2]: print( list(a) )
Out[2]: ['p', 'y', 't', 'h', 'o', 'n']
```

上面代码中的 list( )函数将字符串中的每个字符转化为列表中的一个元素。下面的代码将字符串中的每个单词（或标点符号）转化为列表中的一个元素，再将列表还原成字符串。

【**例 2-34**】join( )。

```
In [1]: s = "life is short , I need python"
In [2]: L = s.split()
In [3]: print(L)
Out[3]: ['life', 'is', 'short', ',' ,'I', 'need', 'python']
In [4]: " ".join(L)
Out[4]: 'life is short , I need python'
```

例 2-34 中用到了字符串的 join( )方法。

join( )方法的作用就是将一个序列（可以是字符串或者列表）按照指定的某种字符（连接符）进行连接后生成一个新的字符串。连接符可以是空格、数字、符号、字母等。其格式如下。

```
"sep".join(seq)
```

其中，sep 为连接符；seq 为序列。

例 2-34 中的 In[4]用空格连接列表 L 中的每一个元素，最后形成一个字符串。

2.4 元组

在 Python 中，元组也是一种有序的集合。元组用圆括号（且可以省略）表示，其元素以逗号分隔，且元素可以是不同的类型。

【**例 2-35**】元组的定义。

```
In [1]: tup1 = (1,2,3,4,5)          #元组的定义格式
   ...: print(tup1)
Out[1]:(1, 2, 3, 4, 5)
In [2]: tup2 = 10,20,'abc'          #圆括号可以省略
   ...: print(tup2)
Out[2]:(10, 20, 'abc')
```

元组和列表非常相似，但是元组是不可变对象。也就是说，元组中的元素不能添加、修改或删除。

2.4.1 元组的常见操作

1．索引和切片

作为有序数据集合类型，元组同样可以通过索引和切片操作来访问其中的元素。

【**例 2-36**】元组的索引和切片。

```
In [1]: tup1 = (0,1,2,3,4,5,6,7,8,9)
```

```
   ...: print(tup1[3])            #tup1 的第 4 个元素
   ...: print(tup1[2:5])          #tup1 的第 3、4、5 个元素
   ...: print(tup1[-1])           #tup1 的倒数第 1 个元素
   ...: print(tup1[2:7:2])        #tup1 的第 3、5、7 个元素
Out[1]: 3
        (2, 3, 4)
        9
        (2, 4, 6)
```

2．查找和统计

index( )方法和 count( )方法同样适用于元组。

【例 2-37】元组的查找和统计。

```
In [1]: tup1 = 59,12,-3,100,34,7,79,34,12,99
   ...: print(tup1.index(-3))          #返回-3 在 tup1 中首次出现的索引
   ...: print(tup1.count(34))          #返回 34 在 tup1 中出现的次数
Out[1]: 2
        2
```

3．交换两个值

Python 具有“拆包式赋值”的功能。例如，例 2-38 中第一条语句（a, b, c = 380, 56, 'China'）的含义就是将 380、56、'China'这 3 个值分别赋给 a、b、c 这 3 个变量。

【例 2-38】拆包式赋值。

```
In [1]: a, b, c = 380, 56, 'China'         #拆包式赋值
   ...: print(a)
   ...: print(b)
   ...: print(c)
Out[1]: 380
        56
        China
```

利用拆包式赋值功能可以非常方便地进行两个值的交换，无须引入中间变量。

【例 2-39】交换两个值。

```
In [1]: a = 380
   ...: b = 56
   ...: a, b = b, a              #将 b 的值赋给 a，将 a 的值赋给 b，即交换两个变量的值
   ...: print('a=', a)
Out[1]: a= 56
In [2]: print('b=', b)
Out[2]: b= 380
```

2.4.2 元组和列表的相互转化

既然元组和列表非常相似，那么它们是否可以相互转化呢？我们来看例 2-40。

【例 2-40】元组和列表的相互转化。

```
In [1]: lis = [2,3,"a"]

In [2]: tt = tuple(lis)          #tuple()函数可将列表转化为元组
   ...: print(tt)
Out[2]: (2, 3, 'a')

In [3]: type(tt)
```

```
Out[3]: tuple

In [4]: list(tt)                        #list()函数可将元组转化为列表
   Out[3]: [2,3,"a"]

In [5]: len(lis) == len(list(tt))       #对于列表和元组都可以使用 len()函数来测长度
Out[5]: True
```

通过元组和列表的定义，可以看出列表用[]表示，而元组用( )表示，它们之间的相互转化直接使用 tuple( )和 list( )函数即可。

这里需要注意，当要表示只有一个元素的元组时，需要在元素后加一个逗号。

```
In [1]: (1) == (1,)                     #判断是否相等
Out[1]: False

In [2]: type((1))
Out[2]: int

In [3]: type((1,))
Out[3]: tuple
```

从上面的输出可以发现(1)和(1,)的区别，(1)不是只有一个元素的元组，而是数字 1。

2.5 集合

Python 中的集合数据类型对应数学中集合的概念，具有元素无顺序、不重复的特点。集合通常用花括号（{}）表示，其元素以逗号分隔。

【**例 2-41**】集合的定义。

```
In [1]: set1 = {1, 2, 4, 8, 'abc'}      #定义由 5 个元素构成的一个集合 set1
   ...: print('set1=', set1)
Out[1]: set1= {1, 2, 4, 8, 'abc'}
In [2]: set2 = {4, 2, 4, 8, 4, 10}      #集合的定义中如果有重复值，结果会只保留一个
   ...: print('set2=', set2)
Out[2]: set2= {8, 2, 10, 4}
In [3]: set3 = {1, 3, True}             #布尔值 True 和 1 被认为是重复值
   ...: print('set3=', set3)
Out[3]: set3= {1, 3}
```

2.5.1 集合的常见操作

1．获取集合长度

和字符串、列表、元组等类似，可以通过 len( )函数来获取一个集合的长度（即元素个数），此处不赘述。

2．增加集合元素

（1）add( )方法

可以使用集合的 add( )方法为集合增加元素（每次增加一个）。

【**例 2-42**】使用 add( )方法实现集合元素的增加。

```
In [1]: set1 = {1,3,6,8}
```

```
   ...: set1.add(15)                    #在 set1 中增加元素 15
   ...: print('set1 = ', set1)
Out[1]: set1 = {1, 3, 6, 8, 15}
```

（2）update( )方法

利用 update( )方法可以同时为集合增加多个元素。update( )方法的参数需要是可迭代的对象，如元组、列表、字符串等。

注意：因为集合是无顺序的，所以实际运行的结果可能会和例 2-43 中显示的不同。

【例 2-43】使用 update( )方法实现集合元素的增加。

```
In [1]: set1 = {1,3,6,8}
   ...: set1.update((4,10,6))
   ...: print('set1 =', set1)
Out[1]: set1 = {1, 3, 4, 6, 8, 10}
In [2]: set2 = {10,50,60,80}
   ...: set2.update('abc')
   ...: print('set2 =', set2)
Out[2]: set2 = {'a', 10, 'b', 50, 60, 80, 'c'}
```

3．删除集合元素

通常可以采用 remove( )方法和 discard( )方法来删除集合中的元素。

【例 2-44】使用 remove( )方法删除集合元素。

```
In [1]: set1 = {'John','Hanmeimei','Mary','Mike','Lilei'}
   ...: set1.remove('John')
   ...: print('set1 =', set1)
Out[1]: set1 = {'Lilei', 'Mary', 'Hanmeimei', 'Mike'}
```

当使用 remove( )方法删除集合中不存在的元素时，系统会报错（KeyError）。discard( )方法和 remove( )方法的功能类似，但删除不存在的元素时不会报错。

【例 2-45】使用 discard( )方法删除集合元素。

```
In [1]: set2 = {'John','Hanmeimei','Mary','Mike','Lilei'}
   ...: set2.discard('John')
   ...: print('set2 =', set2)
Out[1]: set2 = {'Lilei', 'Mary', 'Hanmeimei', 'Mike'}
In [2]: set2.discard('abc')                #删除不存在的元素时系统不会报错
   ...: print('set2 =', set2)
Out[2]: set2 = {'Lilei', 'Mary', 'Hanmeimei', 'Mike'}
```

除此之外，也可以使用 pop( )方法和 clear( )方法删除集合元素。但由于集合是无序的，没有索引可以指定，因此 pop( )方法只能删除集合中的最后一个元素，无法确定删除的是什么元素。集合的 clear( )方法也是用来清空集合中的所有元素的，此处不赘述。

2.5.2 集合的符号运算

集合除了上述一些操作外，还支持以下一些符号运算，如交、并、补等。

1．删除运算

Python 支持利用运算符“-”从一个集合中删除另一个集合的元素。

【例 2-46】从一个集合去除另一个集合的元素。

```
In [1]: set1 = {'a','b','c','d','e'}
```

```
   ...: set2 = {'b','f','a','h'}
   ...: set3 = {'f','g'}
   ...: print('从set1中删除set2中共有元素:',set1 - set2)

Out[1]: set2 = 从set1中删除set2中共有元素: {'d', 'c', 'e'}

In [2]: #没有共有元素，则集合保持不变
   ...: print('从set1中删除set3中共有元素:',set1 - set3)
Out[2]: 从set1中删除set3中共有元素: {'a', 'b', 'd', 'c', 'e'}
```

2．并集运算

Python提供了多种方法进行集合的合并。一是使用union( )方法得到一个新集合，二是使用“|”运算符。这些方法都将直接排除重复元素。

【**例2-47**】求并集。

```
In [1]: set1 = {0, 3, "a",4}
   ...: set2 = {'b',0, 1}
   ...: set3 = set1.union(set1,set2)  #使用union()方法将set1、set2合并、过滤重复值后存入set3
   ...: print('set3=',set3)
Out[1]: set3= {0, 1, 3, 4, 'b', 'a'}
In [2]: set4 = set1 | set2              #用“|”运算符将set1和set2合并、过滤重复值后存入set4
   ...: print('set4=',set4)
Out[2]: set4= {0, 1, 3, 4, 'b', 'a'}
In [3]: print(set1, "\n", set2)
Out[3]:{0, 3, 4, 'a'}
        {0, 'b', 1}
```

通过最后一步可以发现，union( )方法及“|”都不会使被操作的集合发生改变。

3．交集运算

可以使用intersection( )方法求得多个集合的交集，也可以使用“&”运算符。

【**例2-48**】求交集。

```
In [1]: et1 = {'a','b','c','d','e'}
   ...: set2 = {'b','f','a','h'}
   ...: set3 = set1.intersection(set2)     #返回set1和set2的交集，并存入set3
   ...: print('set3=',set3)
   ...: set4 = set1 & set2                  #求set1和set2的交集，并存入set4
   ...: print('set4=',set4)
Out[1]: set3= {'a', 'b'}
        set4= {'a', 'b'}
```

4．交补集运算

可以使用difference( )方法找出集合间不同的元素，也可以利用“^”运算符直接求出两个集合的非共有元素，即交集的补集。

【**例2-49**】求集合间不同的元素。

```
In [1]: set1 = {'a','b','c','d','e'}
   ...: set2 = {'b','f','a','h'}
   ...: print(set1.difference(set2))    #求set1中包含但是set2不包含的元素
```

```
   ...: print(set2.difference(set1))      #求 set2 中包含但是 set1 不包含的元素
Out[1]: {'d', 'c', 'e'}
        {'h', 'f'}
In [2]: print('set1 和 set2 的非共有元素:',set1 ^ set2)
Out[2]: set1 和 set2 的非共有元素: {'d', 'h', 'c', 'e', 'f'}
```

5．子集运算

可以通过 issubset( )方法或“<=”运算符判断一个集合是否为另一个集合的子集。

【**例 2-50**】判断一个集合是否为另一个集合的子集。

```
In [1]: set1 = {'a','b','c','d','e'}
   ...: set2 = {'b','f','a','h'}
   ...: set3 = {'c','a'}
   ...: #判断 set3 是否为 set1 的子集
   ...: print('set3 是否为 set1 的子集: ', set3.issubset(set1))
   ...: #判断 set3 是否为 set2 的子集
   ...: print('set3 是否为 set2 的子集: ', set3 <= set2)
Out[1]: set3 是否为 set1 的子集: True
set3 是否为 set2 的子集: False
```

2.5.3 集合的其他操作

集合是无序的，还具有不重复的特点，所以集合有一个很重要的应用是删除重复值。

【**例 2-51**】set( )函数。

```
In [1]: lis = [5,0,2,0,5]

In [2]: ss = set(lis)       #将列表用 set() 函数过滤掉重复元素

In [3]: print(ss)
Out[3]: {0, 2, 5}
In [4]: list(ss)            #将集合转化为列表
Out[4]: [0, 2, 5]
```

很明显例 2-51 代码中的 set( )函数成功地将列表中的重复元素删除了，但是顺序也打乱了。当然要保留原来的顺序方法是有的，可以结合 enumerate( )函数用遍历的方法实现。

list( )函数不仅可以将元组转化为列表，也可以将集合转化为列表。

在列表和元组中可以通过 in 关键字来判断某个元素是否包含在集合中，也可以使用 in 来判断两个集合的关系，还可以通过 isdisjoint( )方法来判断两个集合是否有交集。

【**例 2-52**】判断元素和集合、集合和集合的关系。

```
In [1]: set1 = {'a','b','c','d','e'}
   ...: set2 = {'b','f','a','h'}
   ...: #判断“d”是否在 set2 中
   ...: print('d 是否在 set2 中: ', 'd' in set2)
Out[1]: d 是否在 set2 中: False
In [2]: #判断 set1 和 set2 是否有交集
   ...: print('set1 和 set2 是否有交集: ', set1.isdisjoint(set2))
Out[2]: set1 和 set2 是否有交集: False
```

2.6 字典

字典的元素为键值对（key:value），用花括号（{}）表示，其中键key和值value中间用冒号（:）隔开，元素之间用逗号分隔。它虽然没有像列表、元组一样的索引，但可以通过元素中的key来确定value。因为字典中的键具有定位标识功能，所以是不能重复的。

例2-53中的In[1]定义了字典dict1，它有两个key（No和Name），其中No对应的值是'001'，Name对应的值是'Rose'。在字典中，key所对应的value可以是多种类型，如数字、字符串、列表等，但是key的数据类型只能是不可变类型，如列表是不可以作为字典的key的。

【**例2-53**】创建字典。

```
In [1]: dict1 = {'No':'001','Name':'Rose'}
   ...: print('dict1=',dict1)
Out[1]: dict1= {'No': '001', 'Name': 'Rose'}
In [2]: dict2 = {'No':{'001','002','003'},\
   ...:          'Name':{'Rose','Mary','Jack'},\
   ...:          'Gender':{'F','F','M'}\
   ...:         }
   ...: print('dict2=',dict2)
Out[2]: dict2= {'No': {'001', '003', '002'}, 'Name': {'Rose', 'Jack', 'Mary'},
'Gender': {'F', 'M'}}
```

2.6.1 字典的常见操作

1．访问字典

可以通过字典的key来访问相应的value，格式为“字典[key]”。这样会返回key对应的value。如果key不存在，则会发生KeyError错误。也可以直接通过get( )方法来访问字典。同样，可以通过in关键字判断key是否包含在字典中。

【**例2-54**】利用key访问字典中的value。

```
In[1]: dict1 = {'No':'001','Name':'Rose','Height':160}
  ...: print(dict1['Name'])         #利用key来访问value
Out [1]:Rose
In[2]: print(dict1.get('Name'))     #利用get()方法来访问key对应的value
Out [2]:Rose
In [3]: dict1.get('Nam',"不存在")  #使用get()方法的好处是当指定的key不存在时不会报错
Out[3]: '不存在'
In[4]: print('No' in dict1)
Out [4]:True
```

使用get( )方法的好处是当指定的key不存在时不会报错，还可以按照设定的结果返回给定的值。Python还提供了keys( )、values( )和items( )方法来得到字典的key和value的列表。

【**例2-55**】返回字典的key和value的列表。

```
In [1]: dict1 = {'No':'001','Name':'Rose','Height':160}
   ...: print(dict1.keys())            #返回dict1的所有key
Out [1]: dict_keys(['No', 'Name', 'Height'])

In [2]: print(dict1.values())          #返回dict1的所有value
Out [2]: dict_values(['001', 'Rose', 160])
```

```
In [3]: print(dict1.items())        #返回 dict1 的所有键值对
Out [3]: dict_items([('No', '001'), ('Name', 'Rose'), ('Height', 160)])
```

2. 修改/添加字典中的元素

可以通过直接赋值或 update( )方法修改字典中的 value，如果指定的 key 不存在，则会直接添加相应的键值对。

【例 2-56】修改/添加字典元素。

```
In [1]: dict1 = {'No':'001','Name':'Rose','Height':160}
   ...: dict1['Name'] = 'Mary'              #将 dict1 中 Name 键对应的值改为'Mary'
   ...: print(dict1)
   ...: dict1['Weight'] = 50                #原字典没有的键值对，会直接新增
   ...: print(dict1)
Out [1]:{'No': '001', 'Name': 'Mary', 'Height': 160}
        {'No': '001', 'Name': 'Mary', 'Height': 160, 'Weight': 50}
In [2]: dict1 = {'No':'001','Name':'Rose','Height':160}
   ...: dict1.update({'Name':'Mary'})        #用 update()函数实现相同的功能
   ...: print(dict1)
   ...: dict1.update({'Weight':50})
   ...: print(dict1)
Out [2]:{'No': '001', 'Name': 'Mary', 'Height': 160}
        {'No': '001', 'Name': 'Mary', 'Height': 160, 'Weight': 50}
```

3. 删除字典元素

可以通过 pop( )方法或 del 关键字来删除字典元素，如果指定的 key 不存在，则会发生错误。

【例 2-57】删除字典元素。

```
In[1]: dict1 = {'No':'001','Name':'Mary','Height':160,'Weight':50}
  ...: del dict1['No']                #删除 dict1 中 key 为'No'的键值对
  ...: print(dict1)
Out [1]:{'Name': 'Mary', 'Height': 160, 'Weight': 50}
In[2]: dict1 = {'No':'001','Name':'Mary','Height':160,'Weight':50}
  ...: dict1.pop('No')                #利用 pop()方法删除 dict1 中 key 为'No'的键值对
  ...: print(dict1)
Out [2]:{'Name': 'Mary', 'Height': 160, 'Weight': 50}
```

与列表、元组、集合等类似，也可以通过 clear( )方法来清空字典的所有元素，此处不赘述。

2.6.2 字典的其他操作

在进行数据处理的时候会经常进行字典的合并和排序。

1. 字典的合并

字典合并除了可以使用 update( )方法外，也可以使用 dict( )函数的“**”方法。

```
In [1]: a = {"a":1, "b":1}
   ...: b = {"b":2, "c":1}

In [2]: dict( a, **b )
Out[2]: {'a': 1, 'b': 2, 'c': 1}
```

dict( )函数在合并字典时，已经将具有相同键名的键值对覆盖了。

2．字典的排序

因为字典本身是无序的，所以字典的排序其实是将其转化为二元的元组，再对元组进行排序。

字典可以按照 key 排序，也可以按照 value 排序。

（1）按照 key 排序

```
In [1]: D = {"a":1, "b":2, "c":3, "d":0}
   ...: sorted(D.keys())
Out[1]: ['a', 'b', 'c', 'd']
```

但是这样排序并没有带上 value 一起排序。这里需要用到一个带有参数 key 的匿名函数 lambda（该函数在后续会介绍）。

```
In [2]: sorted(D.items(),key=lambda x:x[0])
Out[2]: [('a', 1), ('b', 2), ('c', 3), ('d', 0)]
```

（2）按照 value 且逆向排序

```
In [3]: sorted(D.items(),key=lambda x:x[1])
Out[3]: [('d', 0), ('a', 1), ('b', 2), ('c', 3)]
```

Python 常用的数据类型有 6 种：数值型、字符串型、列表、元组、集合和字典。其中较为常用的是数值型、字符串型、列表和字典。

① 数值型：用于储存数值。Python 3 支持 4 种数值型：整数、浮点数、布尔值、复数。可以使用 type( )函数查看数据类型。

② 字符串型：字符串是由数字、字母、下画线等组成的一串字符，可以使用单引号（'）、双引号（"）表示字符串，使用“+”运算符可以连接两个字符串。

③ 列表：一维序列，其内容可以进行修改，用“[]”表示。

④ 元组：一维序列，其内容不能修改，用“()”表示。

⑤ 字典：较重要的内置数据类型，可变的键值对集，其中键 (key)和值(value)都是 Python 对象，用“{}”表示，可以使用“{}”创建空字典。

⑥ 集合：由不重复的元素组成的无序集，可以看成只有键没有值的字典，可以使用“{}”或者 set( )函数创建集合，可过滤重复值。一个空集合必须使用 set( )函数创建。

微课视频

本章实践

1. 将张三的身份证号赋给变量 sfz，sfz="3408241976090330**"。请提取张三的出生年月日。

2. 下面的 list 中记录了张三的基本信息，包括姓名、性别、学号等，请将张三的身份证号添加到 list 中，并获取学号的数据类型和长度。

["张三","Man","22033322",""]

3. 在题目 2 中 list 的"张三"和"Man"之间增加一项信息——“汉族”，并删除 list 中的空元素。

4. 将字典 d={"name":"张三","age":45,"nation":"China"}中 key 为"age"的值修改为 40，并增加键值对"gender":"man"。

5. 将{"id":"3408241976090330**","faculty":"22033322"}中的元素全部合并到题目 4 中的字典 d。

第 3 章

流程控制

本章知识点导图

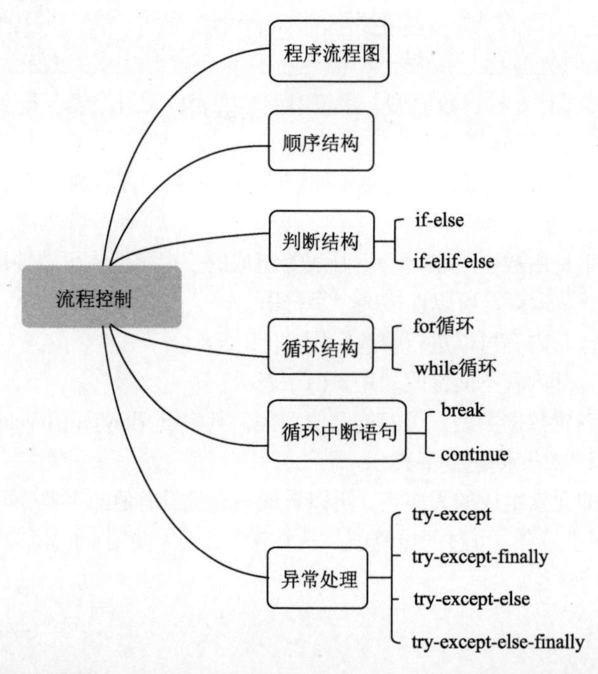

流程控制是指控制程序中各语句的执行顺序，即程序运行时个别指令（或是陈述、子程序）运行或求值的顺序。主要可以分为以下 3 种结构。

（1）顺序结构。程序从上向下依次执行每条语句。

（2）判断结构。根据条件判断的结果来选择执行不同的代码，通常通过 if 语句来实现判断结构。

（3）循环结构。根据条件判断的结果来重复执行某段代码，通常通过 while 语句和 for 语句来实现循环结构。

计算机科学家证明了这样的事实：任何简单或者复杂的算法都可以由顺序结构、判断结构和循环结构这 3 种基本结构组合而成。

3.1 程序流程图

程序流程图通过一系列的图形、流程线和文字说明描述程序的基本操作和控制流程。程序流程图包含6种基本元素，如图3-1所示。

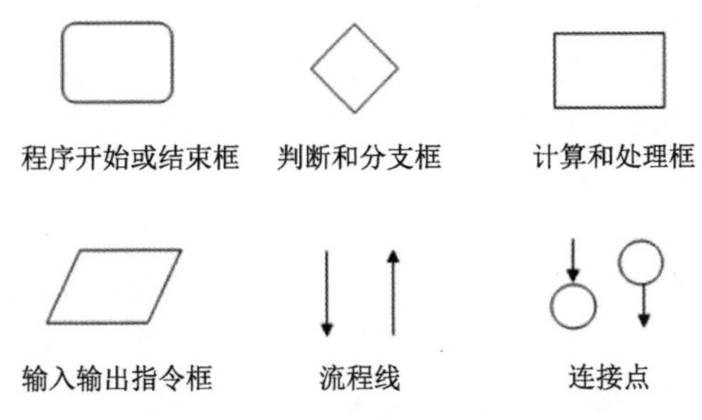

图3-1 程序流程图的6种元素

其中，程序开始或结束框表示一个程序的开始或者结束；判断和分支框表示判断条件是否满足，并根据判断结果选择不同的路线；计算和处理框表示数据处理的过程；输入输出指令框表示输入数据或者输出结果；带箭头的流程线表示程序执行的路线；连接点将多个流程图连接在一起，一般用于将一个复杂的程序流程图分解成若干简单的部分。

3.2 顺序结构

采用顺序结构的程序将直接按行顺序执行代码，直到程序结束。顺序结构流程图如图3-2所示。

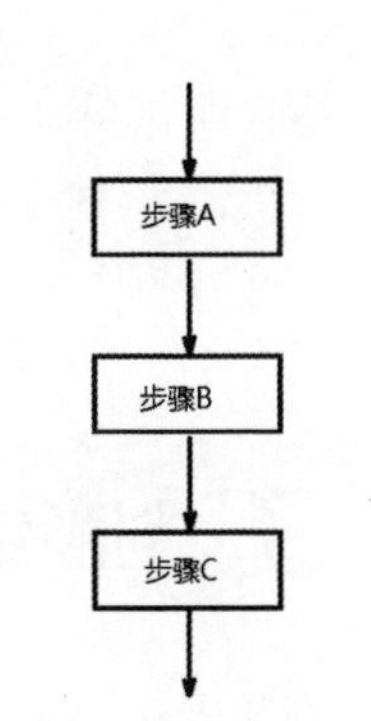

图3-2 顺序结构流程图

【例3-1】从键盘输入a和b两个变量的值，并将a除以b的值赋给c1，再将a、b的值交换，再次计算a除以b的值并将其赋给c2，最后将c1和c2的值输出为一行，中间用分号隔开。

分析要求：

（1）从键盘输入a和b两个变量的值；

（2）转换a和b为数值型；

（3）将a除以b的值赋给c1；

（4）将a、b的值互换；

（5）计算a除以b的值并将其赋给c2；

（6）将c1和c2的值输出为一行。

这是一个按顺序执行代码的例子，具体的实现代码如下。

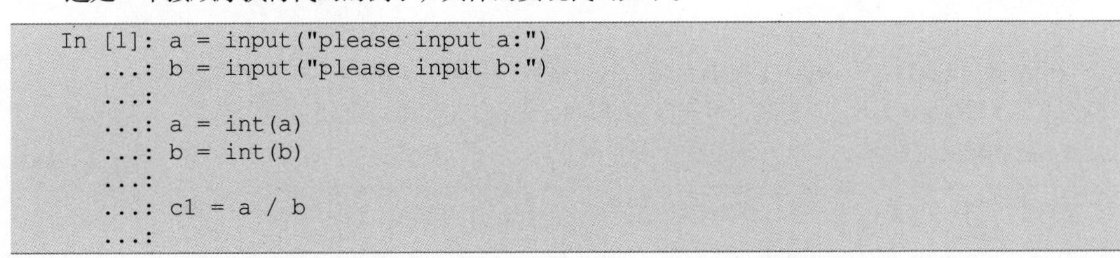

```
In [1]: a = input("please input a:")
   ...: b = input("please input b:")
   ...:
   ...: a = int(a)
   ...: b = int(b)
   ...:
   ...: c1 = a / b
   ...:
```

```
    ...: a, b = b , a
    ...:
    ...: c2 = a / b
    ...:
    ...: print('c1=',c1,';','c2=',c2)
```

执行代码并输入 1 和 2，输出结果如下。

```
please input a:1
please input b:2
c1= 0.5 ; c2= 2.0
```

此处注意，与其他语言相比，在 Python 中交换两个变量的值比较简单，直接使用“=”运算符即可，即 a,b = b,a。

微课视频

代码说明如下。

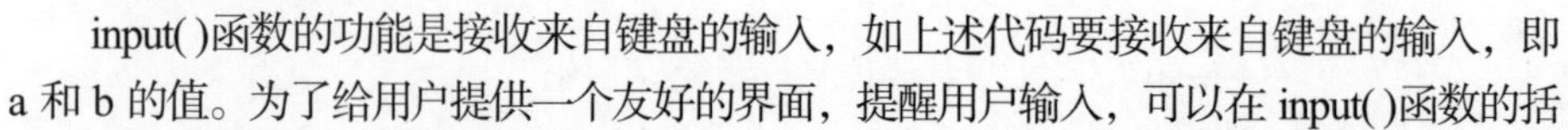

input( )函数的功能是接收来自键盘的输入，如上述代码要接收来自键盘的输入，即 a 和 b 的值。为了给用户提供一个友好的界面，提醒用户输入，可以在 input( )函数的括号内设置一些信息，如本例中的 input("please input a: ")。input( )函数将用户输入的内容作为字符串返回，也就是说，就算输入的是数字，但返回的仍然是字符串，如输入的是数字 1，input( )返回的是“1”，是加了引号的“1”！当用 type( )函数查一下它的类型时会显示 str。在 input( )函数接收到的“数字”参与计算时，需要将接收到的“数字”转换为数值型。若需要整数，则使用 int( )函数转换；若需要浮点数，则使用 float( )函数转换。例如，将接收到的“数字”转换为浮点数，可以写成 float(input("请输入小数: "))。

input( )函数的用法示例如下。

```
>>> a = input("请您输入数字：")
请您输入数字：12
>>> a
'12'
>>> type(a)
<class 'str'>
>>> b=input('等您输入呢:')
等您输入呢：abc
>>> b
'abc'
>>> type(b)
<class 'str'>
```

3.3 判断结构

判断结构也称为选择结构，增加了在程序中的判断机制，根据条件判断的结果执行相应的代码。常使用 if-else 或者 if-elif-else 结构。if-else 结构格式如下，判断结构流程图如图 3-3 所示。

```
if 条件:
    block1
else:
    block2
```

在执行时先执行“if 条件:”，如果结果为真，则执行其下的“block1”，否则执行“block2”。当判断分支不止一个时，可选择 if-elif-else 结构，这里的 elif 可以有多个。if-elif-else 结构格式如下。

微课视频

```
if 条件1:
    block1
```

```
    elif 条件2:
        block2
    else:
        block3
```

对一元二次方程来说，解的个数可以根据 Δ 的值来判断，对于以下方程：

$$Ax^2 + Bx + C = 0$$

$$\Delta=B^2-4AC$$

解的情况如下。

$\Delta<0$，　　无解

$\Delta=0$，　　$x=-\frac{B}{2A}$

$\Delta>0$，　　$\begin{cases} x_1=-\frac{B+\sqrt{\Delta}}{2A} \\ x_2=-\frac{B-\sqrt{\Delta}}{2A} \end{cases}$

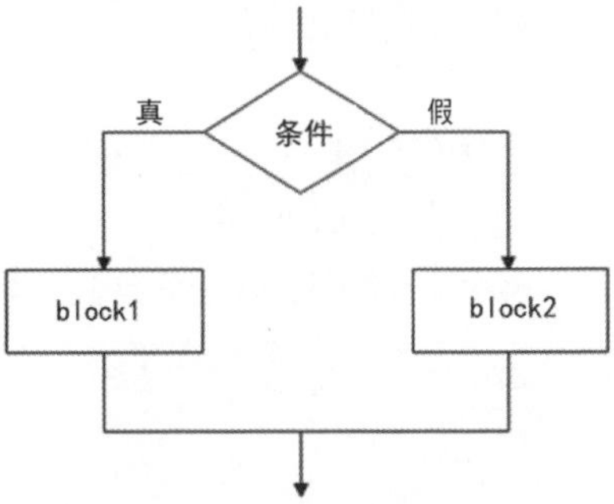

程序流程如下：

（1）输入 A、B、C 这3个系数的值。

（2）计算 Δ。

（3）判断解的个数。

（4）计算解。

（5）输出解。

具体实现代码如下。

图3-3 判断结构流程图

```
# 输入A、B、C
In [1]: A = float(input("输入A:"))
   ...: B = float(input("输入B:"))
   ...: C = float(input("输入C:"))
   ...:
   ...: # 计算delta
   ...: delta = B**2 - 4 * A * C
   ...:
   ...: # 判断解的个数
   ...: if delta < 0:
   ...:     print("该方程无解! ")
   ...: elif delta == 0:
   ...:     x = B / (-2 * A)
   ...:     print("x1=x2=", x)
   ...: else:
   ...:     # 计算x1、x2
   ...:     x1 = (B + delta**0.5) / (-2 * A)
   ...:     x2 = (B - delta**0.5) / (-2 * A)
   ...:     print("x1=", x1)
   ...:     print("x2=", x2)
```

【例 3-2】运行上面的代码，求下面 3 个方程的解。

（1）$x^2+2x+6=0$。

执行代码，输入系数 1、2、6，输出结果如下。

```
输入A:1
输入B:2
输入C:6
该方程无解!
```

（2）$x^2-4x+4=0$。

再次执行代码，输入系数 1、-4、4，输出结果如下。

```
输入A:1
输入B:-4
输入C:4
x1=x2= 2.0
```

（3）$x^2+4x+2=0$。

再次执行代码，输入系数 1、4、2，输出结果如下。

```
输入A:1
输入B:4
输入C:2
x1= -3.414213562373095
x2= -0.5857864376269049
```

3.4 循环结构

循环结构用于反复执行某个或某些操作直至条件为假或为真才停止。循环结构包括 for 循环与 while 循环。

3.4.1 for 循环

for 循环常用来遍历序列，如列表、集合、字符串、字典等。较 while 循环而言，在程序中使用 for 循环更为普遍。

假设 A 是一个集合，element 代表 A 中的元素，for 循环可以将 A 中的元素逐个取出，每取一次 A 中的元素 element 都执行一次“循环块”，格式如下。

```
for element in A:
    循环块
```

for 循环流程图如图 3-4 所示。

【例 3-3】接收一个从键盘输入的数字，计算从 1 加到该数字的和。

```
In [5]: n = int(input("请输入结束的数: "))
   ...: s = 0
   ...: for i in range(n + 1):
   ...:     s += i
   ...: print("从1加到%d的结果: %d" % (n, s))
```

```
请输入结束的数：15
从1加到15的结果：120
```

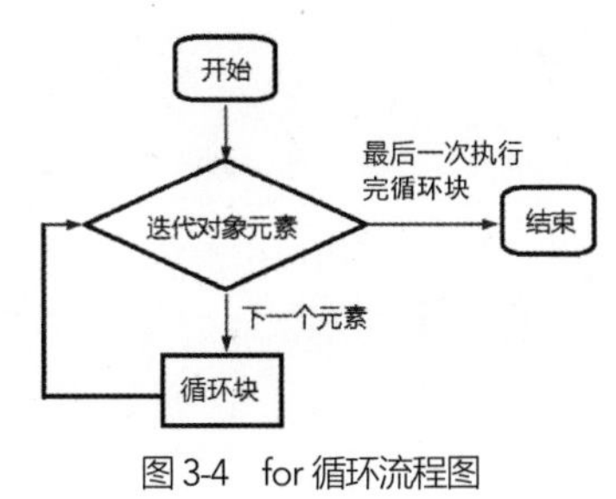

图3-4 for循环流程图

代码说明如下。

range(n)函数用于产生一个从0到n-1的n个连续整数的序列。例如，range(5)表示产生一个从0到5但不包含5的序列：0、1、2、3、4。当然，可以自定义需要的起始点和结束点，如range(2,5)代表从2到5(不包含5)，即产生2、3、4。Python中的索引一般都是左闭右开，即不包含右边的数据。range( )函数还可以定义步长，如用range(1,30,3)可以定义一个从1到30、步长为3的序列，即1、4、7、10、13、16、19、22、25、28。当步长为1时，可以省略，如range(2,5,1)等同于range(2,5)。在Python 3.5及之后的版本中，range( )函数可以作为一个容器（在Python中，可以包含其他对象的对象称为“容器”，容器是一种数据结构）存在。当需要将容器中的序列转换为列表时，只需要在其外面包裹一个list( )函数；同理，如果要将其转换为元组，只需要用tuple( )函数进行转换。

```
>>> a=range(5)      #产生0、1、2、3、4的序列
>>> list(a)         #将a转化为列表
[0, 1, 2, 3, 4]
>>> tuple(a)        #将a转化为元组
(0, 1, 2, 3, 4)
```

3.4.2 while循环

与for循环不同，while循环在每次执行循环块前，都会进行一次条件判断，当条件为假时，则停止循环。几乎所有编程语言中都存在while循环，while循环的格式如下。

```
while 条件:
    循环块
```

while循环流程图如图3-5所示。

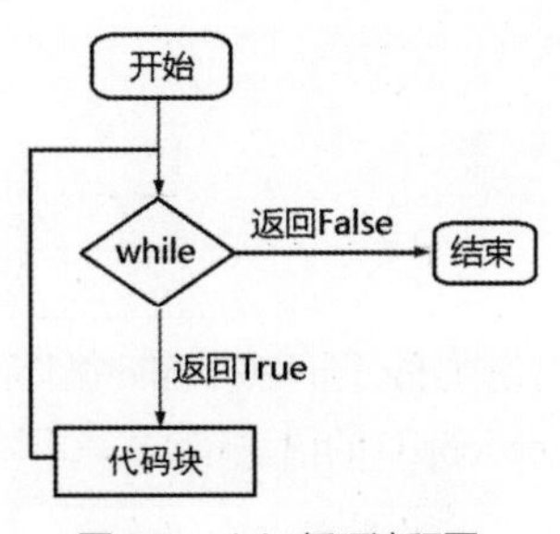

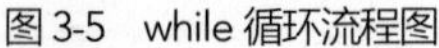
图3-5 while循环流程图

下面编写一个累加程序来体验while循环。

【例 3-4】接收一个从键盘输入的数字，计算从 1 加到该数字的和。

```
In [6]: n = int(input("请输入结束的数："))
   ...: i = 1
   ...: s = 0
   ...: while i <= n:
   ...:     s += i
   ...:     i += 1
   ...: print("从1加到%d结果：%d" % (n, s))     #%d的作用类似于占位符

请输入结束的数：10
从1加到10结果：55
```

代码说明如下。

（1）s+=i 表示的是 s=s+i，同理，i+=1 表示的是 i=i+1。

（2）print("从 1 加到%d 结果是%d" % (n, s))是格式化输出，后文会讲到。%d 在这里相当于占位符，类似的还有%s 和%f 等。%d 表示整数占位，%s 表示字符串占位，%f 表示浮点数占位。这里的第一个%d 就表示在这个位置上应该显示的是整数。同理，第二个%d 也表示在这个位置上显示整数。而%(n, s)则表示对前面的两个%d 的赋值，表示在第 1 个%d 位置上要输出的是 n，第 2 个%d 位置上输出的是 s。再如：

```
>>> print("His name is %s, %d years old."%("Aviad",10))
His name is Aviad,10 years old.
```

3.5 循环中断语句

前文分别介绍了 for 循环和 while 循环。有时候需要中途退出循环，或者跳过当前循环开始下一次循环，要实现这种功能需要使用 break 和 continue 语句。

3.5.1 break

break 表示结束循环，然后执行循环结构之后的语句。

【例 3-5】循环 3 次后退出循环。

```
In [1]: i = 0
   ...: while True:
   ...:     i += 1
   ...:     if i >3:
   ...:         break
   ...:     print("第%d次"%i)

第1次
第2次
第3次
```

需要注意的是，break 语句必须出现在 for 循环或 while 循环的循环块中，不能出现在判断结构中，否则会产生“SyntaxError: 'break' outside loop”的语法错误。

3.5.2 continue

continue 语句和 break 语句的用法是相同的，即仅可以用于 for 循环和 while 循环，不能用于判断

结构。continue 语句和 break 语句的区别在于 break 用于结束循环，而 continue 用于跳出当前循环，执行下一次循环。

【例 3-6】输出 0 到 4 的平方，跳过 3。

```
In [2]: for i in range(5):
   ...:     if i == 3:
   ...:         continue
   ...:     print(i**2)

0
1
4
16
```

3.6 异常处理

在 Python 中，try-except 语句主要用于捕获和处理程序正常运行过程中出现的一些异常情况，如语法错误、数据除 0 错误、获取未定义的变量的值等。try-except 语句可以与 else、finally 组合来实现更好的稳定性和灵活性，其一般格式如下。

```
try:
    normal execution block
except:
    exception handle
else:
    if no exception, get here
finally:
    print("finally")
```

将需要正常执行的程序放在 try 下的 normal execution block 中，运行时如果发生了异常，则中断当前的程序，跳转到异常处理块 except 中。如果 normal execution block 在运行中没有发生任何异常，则在运行完 normal execution block 后会进入 else 块（若存在）中。

无论发生异常与否，若有 finally 语句，则 try-except 语句运行的最后一步总是运行 finally 所对应的代码块。

3.6.1 try-except

这是较简单的异常处理结构，其格式如下。

```
try:
    需要处理的代码
except Exception as e:
    处理代码发生异常，在这里进行异常处理
```

例如，1/0 会报错。

```
>>>1/0
Traceback (most recent call last):
  File "<ipython-input-11-05c9758a9c21>", line 1, in <module>
    1/0
ZeroDivisionError: division by zero
```

下面介绍如何捕捉并处理异常。

```
In [1]: try:
   ...:     print(1 / 0)
   ...: except Exception as e:
   ...:     print('代码出现除 0 异常，这里进行处理！')
   ...:     print("这里是 e 的信息：" %e)
   ...: print("我还在运行")
```

测试及运行结果如下。

```
代码出现除 0 异常，这里进行处理!
这里是 e 的信息：division by zero

我还在运行
```

“except Exception as e:”可捕获各种类型的异常，并把异常信息赋给 e。程序捕获异常后，并没有终止运行，还在继续运行后面的代码。这就是 try-except 的作用。

3.6.2 try-except-finally

通常，这种异常处理结构用于无论程序是否发生异常，都执行必须要执行的操作。例如关闭数据库资源、关闭打开的文件资源等，但必须运行的代码需要放在 finally 中。

【例 3-7】try-except-finally 的应用。

```
In [1]: try:
   ...:     print(1 / 0)
   ...: except Exception as e:
   ...:     print("除 0 异常")
   ...: finally:
   ...:     print("必须执行")
   ...: print("------------------")
   ...:
   ...: try:
   ...:     print("这里没有异常")
   ...: except Exception as e:
   ...:     print("这句话不会输出")
   ...: finally:
   ...:     print("这里是必须执行的")
```

测试及运行结果如下。

```
除 0 异常
必须执行
------------------
这里没有异常
这里是必须执行的
```

3.6.3 try-except-else

该结构运行过程如下：程序进入 try 部分，若 try 部分发生异常则进入 except 部分，若不发生异常则进入 else 部分。

【例 3-8】try-except-else 的应用。

```
In [1]: try:
   ...:     print("正常代码！")
```

```
   ...: except Exception as e:
   ...:     print("将不会输出这句话")
   ...: else:
   ...:     print("这句话将被输出")
   ...: print("-------------------")
```

测试及运行结果如下。

```
正常代码!
这句话将被输出
-------------------
```

再看下面这段代码。

```
In [2]: try:
   ...:     print(1 / 0)
   ...: except Exception as e:
   ...:     print("进入异常处理")
   ...: else:
   ...:     print("不会输出")
```

测试及运行结果如下。

```
进入异常处理
```

3.6.4 try-except-else-finally

这是 try-except-else 的升级版，在原有的基础上增加了必须要执行的部分。

【例 3-9】 try-except-else-finally 的应用。

```
In [1]: try:
   ...:     print("没有异常! ")
   ...: except Exception as e:
   ...:     print("不会输出! ")
   ...: else:
   ...:     print("进入else")
   ...: finally:
   ...:     print("必须输出! ")
   ...:
   ...: print("-------------------")
```

测试及运行结果如下。

```
没有异常!
进入else
必须输出!
-------------------

In [2]: try:
   ...:     print(1 / 0)
   ...: except Exception as e:
   ...:     print("引发异常! ")
   ...: else:
   ...:     print("不会进入else")
   ...: finally:
   ...:     print("必须输出! ")
```

测试及运行结果如下。

```
引发异常!
必须输出!
```

注意：（1）try/except/else/finally 出现的顺序必须是 try→except x→except→else→finally，即所有的 except 必须在 else 和 finally 之前，else（若有）必须在 finally 之前，而 except x 又必须在 except 之前。否则会出现语法错误。

（2）在 try-except 语句中，else 和 finally 都是可选的，而不是必需的。但若存在 else，则必须在 finally 之前，finally（如果存在）必须在整个语句的最后。

（3）else 语句的存在必须以 except x 或者 except 语句为前提，如果在没有 except 语句的情况下使用 else，会引发语法错误，即有 else 则必有 except x 或者 except。

异常处理的完整格式如下。

```
try:
    normal execution block
except A:
    exception A handle
except B:
    exception B handle
except:
    other exception handle
else: #可无，若有else则必有except x或except，仅在try后无异常时执行
    if no exception, get here
finally: #此语句务必放在最后，无论前面语句执行情况如何，最后必执行此语句
    print("finally")
```

将需要正常执行的程序放在 try 下的 normal execution block 中，运行时如果发生了异常，则中断当前的程序，跳转到对应的异常处理块 except x 中，Python 从第一个 except x 处开始查找，如果找到了对应的 exception 类型，则进入其提供的 exception x handle 中进行处理，如果没有找到，则直接进入 except 块进行处理。except 块是可选项，如果没有提供，相应的 exception 将会被提交给 Python 进行默认处理，处理方式则是终止应用程序并输出提示信息。

如果 normal execution block 在运行中没有发生任何异常，则在运行完 normal execution block 后会进入 else 块（若存在）中。

无论发生异常与否，若有 finally 语句，则该代码块运行的最后一步总是运行 finally 所对应的子代码块。

执行下面的代码，分别输入 2、0、a、a2，观察输出的信息。

```
In [3]: try:
   ...:     b=eval(input("please input:"))
   ...:     c = 1/b
   ...:     print(c)
   ...: except SyntaxError:
   ...:     print("<<<< SyntaxError")
   ...: except SystemExit:
   ...:     print("*****SystemExit")
   ...: except ZeroDivisionError:
   ...:     print("-----SystemExit")
   ...: except Exception as e:
   ...:     print("I don't know, but error.",e)
   ...: else:
   ...:     print("如果try下没有错，则执行该代码块.")
   ...:
```

```
    ...: print("He, try/except")
```

测试及运行结果如下。

```
please input:2
0.5
如果try下没有错，则执行该代码块.
He, try/except

please input:0
-----SystemExit
He, try/except

please input:a
0.5
如果try下没有错，则执行该代码块.
He, try/except

please input:a2
I don't know, but error. name 'a2' is not defined
He, try/except
```

本章实践

1. 实现用户登录验证程序，要求支持连续3次输错用户名或密码之后直接退出，并且在每次输错时显示剩余错误次数（提示：使用字符串格式化）。

2. 猜年龄游戏要求：允许用户最多尝试3次，每尝试3次后，如果还没猜对，就问用户是否还想继续玩，如果回答Y，就继续让其猜3次，依次往复，如果回答N，就退出程序，如果猜对了，就直接退出。

3. 推导式是一种将for循环、if表达式及复制语句放到单一语句中产生序列的方法，主要有列表推导式、集合推导式、字典推导式等。其中列表推导式只需要一个表达式就能非常简洁地构造一个新列表，其基本格式如下。

```
[执行语句 for i in 序列]                #使用执行语句产生列表
[执行语句 for i in 序列 if 条件]        #根据一定条件产生列表
```

示例如下：

```
lis_1 = [str(i)+"月" for i in range(1,5)]      #lis_1=['1月','2月','3月','4月']
lis_2 = [i+10 for i in range(1,8) if i<=5]     #lis_2=[11,12,13,14,15]
```

请利用推导式将下面集合Score中小于60的元素列出来。

```
Score={23, 78, 98, 34, 65, 60, 87, 0}
```

第 4 章 函数

本章知识点导图

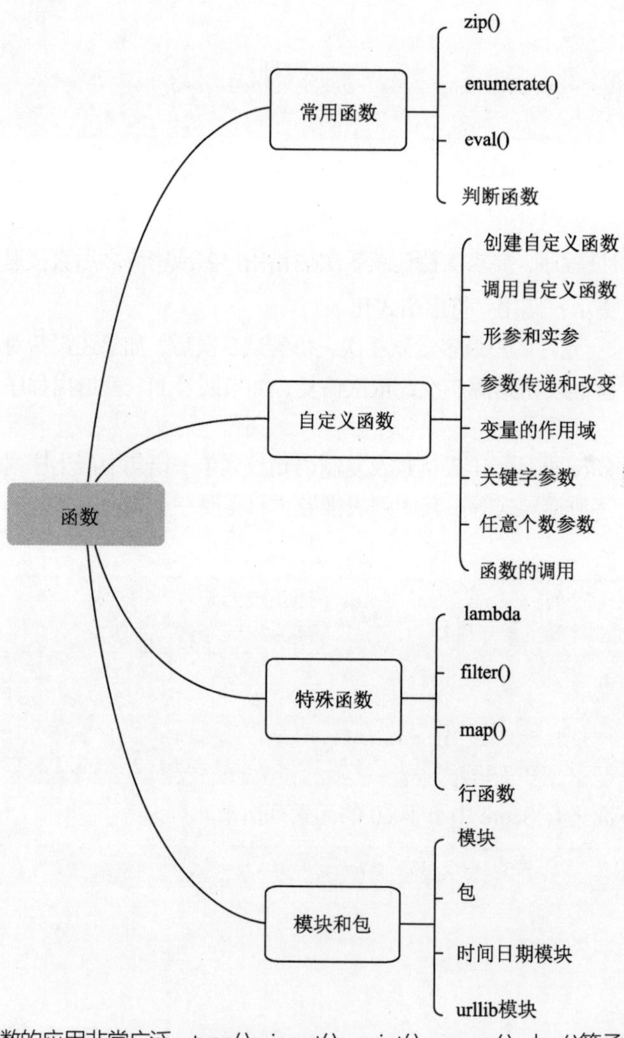

Python 中函数的应用非常广泛。type()、input()、print()、range()、len()等函数都是 Python 的内置函数，可以直接使用。除了可以直接使用的内置函数外，Python 还支持自定义函数，即将一段有规律的、可重复使用的代码定义成函数，从而达到“一次编写，多次使用”的目的。

本章将介绍几个特殊的函数及自定义函数。

4.1 常用函数

除了 type( )、print( )函数之外，还有一些其他常用的函数，如 zip( )、enumerate( )等。

4.1.1 zip()

zip(t,s)函数将 t 和 s 两个序列中索引相等的元素匹配构成一个二元元组的容器，若 t 和 s 长度不等，则其长度等于 t 和 s 中较短的一个。zip( )函数示例如表 4-1 所示。

表 4-1 zip( )函数示例

序列	元素
t	"yu", "China", "hainan", "ac"
s	"余", "中国", "海南"
zip(t,s)	("yu","余"), ("China","中国"), ("hainan","海南")

zip( )函数生成的是序列，需要用相应的函数如 list( )、tuple( )等调用。

```
In [1]: t = ['a', 'b', 'c']
In [2]: s = [1, 2, 3]
   ...: z=zip(t,s)
   ...: print(z)
<zip object at 0x000001C77C500AC0>

In [3]: list(z)
Out[3]: [('a', 1), ('b', 2), ('c', 3)]
```

生成的序列的长度等于参数中较短的序列的长度。

```
In [4]: list(zip("abcd","123"))
Out[4]: [('a', '1'), ('b', '2'), ('c', '3')]
```

用 dict( )调用 zip( )可以生成字典。

```
In [5]: d= dict(zip('abc', range(1,4)))
   ...: d
Out[5]: {'a': 1, 'b': 2, 'c': 3}
```

4.1.2 enumerate()

enumerate(t)函数返回由序列 t 的每个元素和相应的索引组成的序列，t 可以是字符串、列表、元组、字典等，若是字典则返回的是键。

```
In [6]: w = ["a",0,"yu"]
   ...: q = enumerate(w)
   ...: print(q)
<enumerate object at 0x00000207CB5CF180>

In [7]: for i,k in enumerate(w):
   ...:     print(i,k)
0 a
1 0
2 yu

In [8]: t={'first':'j','second':'h','third':'abc'}
   ...: for i,k in enumerate(t):
```

```
   ...:     print(i,k)
0 first
1 second
2 third
```

4.1.3 eval()

eval( )函数将字符串当成有效的表达式来求值并返回计算结果。

```
In [1]: x = 1
   ...: eval('x+1')
Out[1]: 2

In [2]: a = "[[1,2], [3,4], [5,6], [7,8], [9,0]]"      #注意 a 是字符串
   ...: b = eval(a)
   ...: b
Out[2]: [[1, 2], [3, 4], [5, 6], [7, 8], [9, 0]]

In [3]: type(b)
Out[3]: list

In [4]: c = "{1: 'a', 2: 'b'}"                          #注意 c 是字符串
   ...: d = eval(c)
   ...: d
Out[4]: {1: 'a', 2: 'b'}

In [5]: type(d)
Out[5]: dict

In [6]: e = "([1,2], [3,4], [5,6], [7,8], (9,0))"      #注意 e 是字符串
   ...: f = eval(e)
   ...: f
Out[6]: ([1, 2], [3, 4], [5, 6], [7, 8], (9, 0))
```

4.1.4 判断函数

常用于判断的几种关键字和函数如下。

1. in

in 关键字常用于判断某个元素是否属于字符串、列表、元组、字典、集合。相应地，还有 not in。

```
In [7]: a={'a':2,'b':4,'c':6}

In [8]: 'a' in a
Out[8]: True

In [9]: 'c' not in a
Out[9]: False
```

这里介绍两个用于判断字符串是否开始或结束于某个子串的方法：startswith( )、endswith( )。基本格式如下。

```
S.startswith(prefix[, start[, end]])
S.endswith(suffix[, start[, end]])
```

示例代码如下。

```
In [10]: "fish".startswith('fi')
```

```
Out[10]: True

In [11]: "fish".startswith('fi',1)      #此处的 1 表示从索引为 1 的位置开始
Out[11]: False

In [12]: "fish".endswith('sh')
Out[12]: True

In [13]: "fish".endswith('sh',3)
Out[13]: False
```

startswith( )和 endswith( )方法有个特别的地方——参数 prefix 和 suffix 不仅可以是字符串，还可以是元组，只要元组中有一个成立，就返回 True，也就是一种“或”的关系。示例如下。

```
if filename.endswith(('.gif', '.jpg', '.tiff')):
    print("%s 是一个图片文件" %filename)
```

上面的两行代码根据文件的扩展名是否为.gif、.jpg 或.tiff 之一来判断文件是否为图片文件。这段代码也可以写成如下形式，不过这样写并不简洁。值得注意的是，别忘了元组的括号。

```
if filename.endswith(".gif") or filename.endswith(".jpg") or \
filename.endswith(".tiff"):
    print("%s 是一个图片文件"%filename)
```

2．isalnum( )

isalnum( )函数用于检测字符串是否仅由字母和数字组成，若字符串包含空格、标点符号或者其他的字符，则返回 False。

```
In [14]: str = "this2009"
    ...: print(str.isalnum())
True

In [15]: str = "this is string example....wow!!!"
    ...: print(str.isalnum())
False

In [16]: str1 = "hello"
    ...: print(str1.isalnum())
True
```

3．isalpha( )

isalpha( )函数用于检测字符串是否只由字母组成。如果字符串中所有字符都是字母，则返回 True，否则返回 False。

```
In [17]: str = "this"
    ...: print(str.isalpha())
True

In [18]: str = "this is string example....wow!!!"
    ...: print(str.isalpha())
False
```

4．isdigit( )

isdigit( )函数用于检查字符串是否只包含数字（完全由数字组成）。如果字符串中所有字符都是数字，则返回 True，否则返回 False。

```
In [19]: str = "123456"
```

```
    ...: print(str.isdigit())
True

In [20]: str = "this is string example....wow!!!"
    ...: print(str.isdigit())
False
```

4.2 自定义函数

在编写代码时，有些功能会经常用到，可以单独编写实现相应功能的代码，并为其命名，在需要的时候直接使用它的名称和相应的参数进行调用，免去了许多重复的工作，并使得代码简单、易读。这就是自定义函数。

4.2.1 创建自定义函数

微课视频

在 Python 中，创建自定义函数的基本格式如下。

```
def function(params):
    """
    函数说明文档，用于 help()的调用，可以省略。
    """
    block
    return expression/value
```

说明如下。

（1）在 Python 中采用 def 关键字进行函数的定义，不用指定返回值的类型。另外，注意 def 行尾的“:”；函数名一般首字母不要大写，以区别于类。

（2）函数参数 params 可以是零个、一个或者多个，也不用指定函数参数的类型，因为在 Python 中变量都是弱类型，Python 会自动根据值来维护其类型。

（3）return 语句是可选的，它可以在函数体内任何地方出现，表示函数执行到此结束；如果没有 return 语句，会自动返回 NONE；如果有 return 语句，但 return 后面没有接表达式或者值，则也返回 NONE。返回值通常作为输出的结果。return 语句可以返回多个值，以逗号分隔，如 return a,b,c。

注意：函数体 block 内部的语句在执行时，一旦执行到 return 语句，函数就执行完毕，并将结果返回。因此，函数内部通过条件判断和循环可以实现非常复杂的逻辑。如果没有 return 语句，函数执行完毕也会返回结果，只是结果为 None。return None 可以简写为 return。

（4）一般在函数中还包含一个注释体——函数文档，其功能是解释这个函数的功能，用三引号引起来放在 block 前面，以方便 help( )函数查询，可以省略。

【例 4-1】自定义函数。

```
In [21]: def printHello():
    ...:     print('hello')
    ...:
    ...: def readNum():
    ...:     """
    ...:     利用 range()函数输出 0、1、2、3、4
    ...:     """
    ...:     for i in range(0,5):
    ...:         print(i)
    ...:     return
```

```
    ...:
    ...: def add(a,b):
    ...:     return a+b

In [22]: print(printHello())
hello
None

In [23]: print(readNum())
0
1
2
3
4
None

In [24]: print(add(1,2))
3
```

4.2.2 调用自定义函数

在 Python 中，函数的使用有严格的规定。函数不允许前向引用，即函数必须定义在前，使用在后。示例如下。

```
In [25]: print(add2(1,2))
    ...: def add2(a,b):
    ...:     return a+b
Traceback (most recent call last):

File "C:\Users\yubg\AppData\Local\Temp/ipykernel_15092/1286047753.py", line 1,
in <module>
print(add2(1,2))

NameError: name 'add2' is not defined
```

从报错中可以看出，名为“add2”的函数未被定义。所以在调用某个函数的时候，必须确保此函数定义在调用之前，即先定义函数再调用。上述程序可修改如下。

```
In [26]: def add2(a,b):
    ...:     return a+b
    ...: print(add2(1,2))
3
```

4.2.3 形参和实参

形参的全称是形式参数。在用 def 定义函数时，函数名后面括号里的变量称为形式参数。在调用函数时提供的值或者变量称为实际参数，实际参数简称为实参。

【例 4-2】形参和实参。

```
In [27]: def add(a,b):              #这里的 a 和 b 就是形参
    ...:     return a+b

In [28]: add(1,2)                   #这里的 1 和 2 是实参
Out[28]: 3

In [29]: x=2
    ...: y=3
```

```
    ...: add(x,y)                    #这里的 x 和 y 是实参
Out[29]: 5
```

注意：调用 add(a,b)函数时要注意参数 a 和 b 的位置，当我们把实参 x、y 代入函数时，会按照先后的顺序进行赋值，如 add(x,y)是将 x 赋值给 a、y 赋值给 b；而 add(y，x)则是将 x 赋值给 b、y 赋值给 a。

4.2.4 参数传递和改变

在大多数高级语言中，理解参数的传递方式一直是难点和重点，因为它并不是那么直观、明了。

在讨论此问题之前，需要明确的是，在 Python 中一切皆对象，如字符串常量、整数常量等都是对象，变量中存放的是对象的引用。验证如下。

```
In [30]: print(id(5))
1531243030960

In [31]: print(id('python'))
1531288900144

In [32]: x=2

In [33]: print(id(x))
1531243030864

In [34]: y='hello'

In [35]: print(id(y))
1531621149488
```

id(object)函数返回对象 object 在其生命周期内位于内存中的地址，id( )函数的参数是一个对象。再看如下示例。

```
In [36]: id(2)
Out[36]: 1531243030864

In [37]: id('hello')
1531621149488
```

从结果可以看出，id(x)和 id(2)的值是一样的，id(y)和 id('hello')的值也是一样的。

在 Python 中一切皆对象，如 2、'hello'，只不过 2 是一个整数对象，而'hello'是一个字符串对象。上面的 x=2，在 Python 中实际的处理过程：先申请一段内存分配给一个整数对象来存储整数值 2，然后让变量 x 去指向这个对象，实际上就是指向这段内存。而 id(2)和 id(x)的结果一样，说明 id( )函数在作用于变量时，其返回的是变量指向的对象的地址。因为变量也是对象，所以在这里可以将 x 看成对象 2 的一个引用。

下面再看个例子。

```
In [38]: x=2
    ...: print(id(x))
1531243030864

In [39]: y=2
    ...: print(id(y))
1531243030864

In [40]: s='hello'
    ...: print(id(s))
```

```
1531621149488

In [41]: t=s
    ...: print(id(t))
1531621149488
```

可以看到 id(x)和 id(y)的结果是相同的，id(s)和 id(t)的结果也是相同的。这说明 x 和 y 指向的是同一对象，而 s 和 t 指向的也是同一对象。x=2 让变量 x 指向了 int 类型的对象 2，执行 y=2 时，并不重新为对象 2 分配空间，而是让 y 直接指向已经存在的 int 类型的对象 2。这很好理解，因为本身只是想给 y 赋一个值 2，而在内存中已经存在了这样一个 int 类型的对象 2，所以就直接让 y 指向已经存在的对象。这样一来不仅能达到目的，还能节约内存空间。t=s，也相当于让 t 指向已经存在的字符串类型的对象'hello'。

下面来讨论一下函数的参数传递和改变这个问题。

在 Python 中参数传递采用的是值传递。先看个例子。

【例 4-3】自定义函数参数值的传递。

```
In [42]: def modify1(m,K):
    ...:     m=2
    ...:     K=[4,5,6]
    ...:     return
    ...:
    ...: def modify2(m,K):
    ...:     m=2
    ...:     K[0]=0
    ...:     return

In [43]: n=100
    ...: L=[1,2,3]
    ...: modify1(n,L)

In [44]: print(n,L)
100 [1, 2, 3]

In [45]: modify2(n,L)
    ...: print(n,L)
100 [0, 2, 3]
```

从结果可以看出，执行 modify1( )之后输出 n 和 L，n 和 L 都没有发生任何改变；执行 modify2( )后，n 还是没有改变，L 发生了改变。因为在 Python 中参数传递采用的是值传递方式，在执行函数 modify1( )时，先获取 n 和 L 的 id( )值，然后为形参 m 和 K 分配内存空间，让 m 和 K 分别指向对象 100 和对象[1,2,3]。m=2 让 m 重新指向对象 2，而 K=[4,5,6]让 K 重新指向对象[4,5,6]。这种改变并不会影响到实参 n 和 L，所以在执行 modify1( )之后，n 和 L 没有发生任何改变。在执行函数 modify2( )时，同理，m 和 K 分别指向对象 2 和对象[1,2,3]，然而 K[0]=0 让 K[0]重新指向对象 0（注意：这里 K 和 L 指向的是同一段内存），所以对 K 指向的对象进行的任何改变也会影响到 L，在执行 modify2( )后，L 发生了改变。

4.2.5 变量的作用域

在 Python 中，也存在变量的作用域。每个层次会生成一个符号表，里层能调用外层中的变量，而外层不能调用里层中的变量，并且当外层和里层有同名变量时，外层变量会被里层变量屏蔽掉。

【例 4-4】不同作用域中的变量。

```
In [46]: def function():
    ...:     x=2
```

```
   ...:     count=2
   ...:     while count>0:
   ...:         x=3
   ...:         print(x)
   ...:         count -= 1
   ...:
   ...: function()
3
3
```

在函数 function( )中，while 循环外部和内部都有变量 x，此时 while 循环外部的变量 x 会被屏蔽掉。

注意：在函数内部定义的变量的作用域都仅限于函数内部，在函数外部是不能够调用的，一般称这种变量为局部变量。

还有一种变量称为全局变量，它是在函数外部定义的，作用域是整个程序。全局变量可以直接在函数内部应用，但是如果要在函数内部改变全局变量，必须使用 global 关键字进行声明。

【例 4-5】全局变量。

```
In [47]: x=2
   ...: def fun1():
   ...:     print(x)
   ...:
   ...: def fun2():
   ...:     global x            # global 语句用于声明一个或多个全局变量
   ...:     x=3
   ...:     print(x)

In [48]: fun1()
2

In [49]: fun2()
3

In [50]: print(x)
3
```

函数内部定义的变量只能在函数内部使用，不能在函数外部使用。一个在函数外部赋值的变量 X 与一个在函数内部赋值的变量 X 是完全不同的两个变量。Python 变量可以分为本地变量（函数内部，除非用 global 声明）、全局变量（模块内部）、内置变量（预定义的__builtin__模块）。全局声明 global 语句会将变量名映射到模块文件内部的作用域。变量名的引用将依次查找本地、全局、内置变量。示例如下。

```
In [51]: X = 99
   ...: def add(Y):
   ...:     Z = X + Y
   ...:     return Z
   ...:
   ...: print(add(1))
100
```

从结果可以看出，add(1)在运行时，其内部的 X 采用的是函数 add( )外部的 X 的值。

global 语句用于声明一个或多个全局变量。示例如下。

```
In [52]: X = 88
   ...: def func():
   ...:     global X
   ...:     X = 99

In [53]: func()
```

```
In [54]: X
Out[54]: 99
```

执行 func( )之后，X 的值变成了 99，说明在函数内经过 global 对 X 的声明，改变 X 的值会影响到函数外的 X。

示例如下。

```
In [55]: y,z = 1,2
    ...: def func():
    ...:     global x
    ...:     x = y + z

In [56]: func()
    ...: print(x,y,z)
3 1 2
```

4.2.6 关键字参数

前文介绍的函数的参数称为位置参数，即参数是通过位置进行匹配的，从左到右依次进行，对参数的位置和个数都有严格的对应要求。而在 Python 中，参数还可以通过名称来匹配，不需要严格按照参数定义时的位置来传递。这种参数称为关键字参数。

```
In [57]: def display(a,b):
    ...:     print(a)
    ...:     print(b)

In [58]: display('hello','world')
hello
world
```

上面这段程序是想输出'hello world'，可以正常运行。如果是下面这段代码，可能就得不到预期的结果。

```
In [59]: display('hello')              #这样会报错，少了一个参数
Traceback (most recent call last):

File "C:\Users\yubg\AppData\Local\Temp/ipykernel_15092/4085202510.py", line 1,
in <module>
display('hello')                      #这样会报错

TypeError: display() missing 1 required positional argument: 'b'


In [60]: display('world','hello')     #这样会输出'world hello'
world
hello
```

可以看出，在 Python 中默认采用位置参数，所以在调用函数时必须严格按照函数定义时参数的个数和位置来传递，否则将会出现预想不到的结果。下面这段代码采用关键字参数。

```
In [61]: display(a='world',b='hello')
world
hello

In [62]: display(b='hello',a='world')
world
hello
```

从上面的输出结果可知，通过指定参数名称传递参数，参数位置对结果没有影响。另外，关键字参数较优越的地方在于它能够给函数参数提供默认值。示例如下。

```
In [63]: def display(a='hello',b='world'):
    ...:     print(a+b)

In [64]: display()
helloworld

In [65]: display(b='world')
helloworld

In [66]: display(a='hello')
helloworld

In [67]: display('world')
worldworld
```

在上面的代码中，分别给 a 和 b 指定了默认值，即如果不给 a 或 b 传递参数，它们就分别采用默认值。在给参数指定了默认值后，如果传递参数时不指定参数名，则会从左到右依次进行传递参数，比如，display('world')没有指定'world'是传递给 a 还是 b，则默认从左向右匹配，即传递给 a。另外，默认参数一般靠右。

使用默认参数固然方便，但在重复调用函数时，默认形参会继承前一次调用结束之后的值。示例如下。

```
In [68]: def insert(a,L=[]):
    ...:     L.append(a)
    ...:     print(L)

In [69]: insert('hello')
['hello']

In [70]: insert('world')
['hello', 'world']
```

4.2.7 任意个数参数

一般情况下，在定义函数时，函数参数的个数是确定的，然而某些情况下，参数的个数是不确定的。比如，某系统要存储用户的姓名和昵称，有些用户的昵称可能有两个或者多个，此时无法确定参数的个数，就可以使用任意个数参数（收集参数），只需在参数前面加上'*'或者'**'。

【例 4-6】自定义函数中任意个数参数的传递。

```
In [71]: def storename(name,*nickName):
    ...:     print('real name is %s' %name)
    ...:     for nickname in nickName:
    ...:         print(nickname)

In [72]: storename('jack')
real name is jack

In [73]: storename('詹姆斯','小皇帝')
real name is 詹姆斯
小皇帝

In [74]: storename('奥尼尔','大鲨鱼','柴油机')
```

```
real name is 奥尼尔
大鲨鱼
柴油机
```

'*'和'**'表示能够接受 0 到任意多个参数，'*'表示将没有匹配的值都放在一个元组中，'**'表示将没有匹配的值都放在一个字典中。

```
In [75]: def printvalue(a,*s,**d):
    ...:     print(a,s,d)

In [76]: printvalue(1,2,c=3)
1 (2,) {'c': 3}

In [77]: printvalue(1,3,4,2,c=3,f="l")
1 (3, 4, 2) {'c': 3, 'f': 'l'}
```

再次强调：Python 中的函数可以返回多个值，如果返回多个值，会将多个值放在一个元组或者其他类型的集合中返回。

```
In [78]: def function():
    ...:     x=2
    ...:     y=[3,4]
    ...:     return x,y

In [79]: function()
(2, [3, 4])
```

4.2.8 函数的调用

将已经编辑好的函数代码保存成.py 文件，Python 可以调用其内的所有函数，方法如下：

（1）将 a.py 文件和正在编辑的文件（该文件将要调用 a.py 文件中的函数）放在同一个目录下。

（2）在调用文件头引入：from a import *。

这样就可以直接使用 a.py 文件内所有的函数和变量了。

【例 4-7】在文件 prin.py 中调用 tel.py 文件中的变量，具体文件内容如下。

```
#文件 tel.py 的代码内容
name=["Ben","Jone","Jhon","Jerry","Anny","Ivy","Jan","Wong"]
tel=[6601,6602,6603,6604,6605,6606,6607,6608]

Tellbook={}
for i in range(len(name)):
   d1="{}".format(name[i])
   d2="{}".format(tel[i])
   Tellbook[d1]=d2
```

正在编辑的文件 prin.py 的代码内容如下。

```
In [1]: from tel import *        #从 tel.py 文件中导入所有的函数变量

In [2]: print(Tellbook)
{'Ben': '6601', 'Jone': '6602', 'Jhon': '6603', 'Jerry': '6604', 'Anny': '6605',
'Ivy': '6606', 'Jan': '6607', 'Wong': '6608'}

In [3]: for i,j in zip(name,tel):
   ...:     print(i,": ",j)
Ben :  6601
Jone :  6602
```

```
Jhon :  6603
Jerry :  6604
Anny :  6605
Ivy :  6606
Jan :  6607
Wong :  6608
```

上面的 prin.py 文件要做两件事情，先把 tel.py 文件中的所有变量导入 prin.py 中并输出 Tellbook，再将 tel.py 文件中的 name 和 tel 用 zip( )函数合并成序列并将序列中的每个元素输出。

对于文件中的函数调用也一样，调用函数时也需要使用 import 来导入。

【例 4-8】 函数的导入调用。yu.py 文件内容如下。

```
#yu.py 文件内容
def add(a=0,b=0):
    '''
    此函数是计算两个数的和
    当不输入参数时,默认的是 0+0
    例：add(1,3)则返回 4;
        add(1)则返回 1;
        add(a=2,b=3)则返回 5
    '''
    c=a+b
    print(c)
def gb(m,K=0,*tup,**dic):
    print('m:',m)
    print('K:',K)
    print('tup:',tup)
    print('dic:',dic)
    return
```

在 test.py 文件中调用 yu.py 内的 add(a,b)函数。

test.py 文件的代码内容如下。

```
In [4]: from yu import add
   ...: a=add(1,2)
3
```

这里的 from yu import add 的意思是从 yu.py 文件中导入 add(a,b)函数。当然，如果需要导入 yu.py 文件中所有的函数，则可以用 from yu import *，为了避免导入所有的函数占用过多的内存空间，一般用到什么函数就导入什么函数，只有要导入的函数比较多时，才使用*。另外，为了防止导入的函数出现于多个模块中，也不建议使用*。

有时用 import yu 方式导入，这时使用 yu.py 文件中的 add( )函数，则需要说明是来自哪里的 add( )函数，形式为 yu.add( )，这说明调用的是 yu.py 文件中的 add( )函数。

```
In [5]: import yu
   ...: yu.add(1,2)
3
```

使用 from yu import add 和 import yu 的区别如下。

当使用 from yu import add 时，表示当前要编辑的代码中要使用的 add( )函数来自 yu.py 文件，而不是系统内置的或者其他的模块，在调用时，直接使用 add(1,2)；而使用 import yu 时，表示已经导入了 yu.py 这个文件，至于用其中的某个函数时，在使用的函数前加“yu.”，例如使用其中的 add( )函数，则为 yu.add(1,2)。关于 import 导入模块的问题将在 4.4 节中详细介绍。

说明：写函数时要养成好的习惯——写函数文档，写清楚此函数的功能是什么、如何用，并把文档内容用三引号注释起来。它不是函数体的执行代码，它的作用是供help( )函数查询，例如查询add( )函数的功能。

```
In [6]: help(add)
Help on function add in module yu:

add(a=0, b=0)
此函数是计算两个数的和
当不输入参数时,默认的是 0+0
例：add(1,3)则返回 4;
    add(1)则返回 1;
    add(a=2,b=3)则返回 5
```

导入yu.py文件中的gb( )函数，执行以下代码并观察结果。

```
In [7]: from yu import gb
   ...: gb('a1')
m: a1
K: 0
tup: ()
dic: {}

In [8]: gb(1,3)
m: 1
K: 3
tup: ()
dic: {}

In [9]: gb('a1',K=2)
m: a1
K: 2
tup: ()
dic: {}

In [10]: gb('a1',2,3,6,fname='yu',name='bg')
m: a1
K: 2
tup: (3, 6)
dic: {'fname': 'yu', 'name': 'bg'}

In [11]: gb('a1',K=2,3,6,fname='yu',name='bg')
File "C:\Users\yubg\AppData\Local\Temp/ipykernel_10488/3189193839.py", line 1
gb('a1',K=2,3,6,fname='yu',name='bg')
^
SyntaxError: positional argument follows keyword argument

In [12]: gb('a1',K=2,fname='yu',name='bg')
m: a1
K: 2
tup: ()
dic: {'fname': 'yu', 'name': 'bg'}

In [13]: gb(K=2,fname='yu',name='bg')
Traceback (most recent call last):

  File "C:\Users\yubg\AppData\Local\Temp/ipykernel_10488/1917465081.py", line 1,
in <module>
  gb(K=2,fname='yu',name='bg')
```

```
TypeError: gb() missing 1 required positional argument: 'm'
```

请思考出错的原因。

关于函数名的一个补充：函数名其实就是指向一个函数对象的引用，完全可以把函数名赋给一个变量，相当于给相应的函数起了一个别名。示例如下。

```
In [14]: a = int              #变量a指向int()函数

In [15]: a('2')               #可以通过a调用int()函数
Out[15]: 2
```

4.3 特殊函数

4.3.1 lambda

微课视频

lambda 函数即匿名函数，也称为行内函数。

观察下面定义的两个函数。

```
In [1]: f = lambda x : x**2+1          #定义了一个函数f(x) = x**2+1
   ...: g = lambda x,y : x+y           #定义了一个函数g(x,y) = x+y

In [2]: f(3)
Out[2]: 10

In [3]: g(1,2)
Out[3]: 3
```

lambda 只是一个表达式，函数体比较简单。lambda 表达式运行起来像一个函数，其用途如下。

（1）对于单行函数，使用 lambda 可以省去定义函数的过程，让代码更加精简。

（2）在非多次调用函数的情况下，lambda 表达式即用即得，可提高代码的性能。

lambda 函数的格式如下。

```
lambda 参数变量：函数表达式
```

注意：如果使用 for...in...if 能实现，最好不要选择 lambda。

```
In [4]: f = lambda x,y,z: x+y+z
   ...: f(1,2,3)
Out[4]: 6
```

4.3.2 filter()

filter( )函数用于过滤序列。

filter( )函数接收一个函数和一个序列，并把传入的函数依次作用于序列的每个元素，然后根据返回值为 True 或者 False，决定保留还是丢弃相应的元素。

例如，在一个 list 中，删掉偶数，只保留奇数，代码如下。

```
In [1]: def is_odd(n):
   ...:     return n % 2 == 1
   ...: list(filter(is_odd, [1, 2, 4, 5, 6, 9, 10, 15]))
Out[1]: [1, 5, 9, 15]
```

再如，把一个序列中的空字符串删除，代码如下。

```
In [2]: def not_empty(s):
   ...:     return s and s.strip()
   ...: list(filter(not_empty, ['A', '', 'B', None, 'C', ' ']))
Out[2]: ['A', 'B', 'C']
```

可见用 filter( )这个高级函数时，关键在于正确地实现一个“筛选”函数。

filter( )函数返回的是一个容器，需要用 list( )函数调用才能显示数据。

4.3.3 map()

map(func,S)将传入的函数 func 依次作用到序列 S 的每个元素，并把结果作为新的序列返回。函数 func 在序列 S 上遍历，map( )函数返回的是一个容器，需要用 list( )函数调用才显示数据，显示的是 func 作用后的结果数据。

【例 4-9】比较 map( )函数和 filter( )函数。

```
In [1]: list(map(lambda x:x**2,[1,2,3]))
Out[1]: [1, 4, 9]

In [2]: list(filter(lambda x:x**2,[1,2,3]))
Out[2]: [1, 2, 3]
```

说明：map( )函数返回的是 func 作用后的结果数据，而 filter( )函数通过 func 筛选数据。map( )函数还可以接收多个参数的函数。

```
In [3]: list(map(lambda x,y:x*y+x,[1,2,3],[4,5,6]))  #x 取自[1,2,3]，y 取自[4,5,6]
Out[3]: [5, 12, 21]
```

map( )、filter( )两个函数循环要比 for、while 循环快得多。

微课视频

4.3.4 行函数

行函数也称为列表解析式或列表推导式，格式如下。

```
[ <expr1> for k in L if <expr2> ]
```

【例 4-10】将列表[1,2,3,6]中能被 2 整除的元素提取出来并加上 2。

```
In [1]: list=[1,2,3,6]
   ...: A=[k+2 for k in list if k % 2 == 0 ]
   ...: print(A)
[4, 8]
```

例 4-10 可用以下一行代码实现。

```
In [2]: [k+2 for k in [1,2,3,6] if k % 2 == 0 ]
Out[2]: [4,8]
```

列表推导式（List Comprehension）是利用其他序列创建新列表的一种方法。它的工作方式类似于 for 循环。

```
In [3]: [x*x for x in range(10)]
Out[3]: [0, 1, 4, 9, 16, 25, 36, 49, 64, 81]
```

for 与 if 连用表示按条件来生成列表。如果想输出能被 3 整除的平方数，只需要通过添加一个 if 部分在列表推导式中就可以完成。

```
In [4]: [x*x for x in range(10) if x % 3 == 0]
Out[4]: [0, 9, 36, 81]
```

也可以增加更多的 for 语句的部分。

```
In [5]: [(x,y) for x in range(3) for y in range(3)]
Out[5]: [(0, 0), (0, 1), (0, 2), (1, 0), (1, 1), (1, 2), (2, 0), (2, 1), (2, 2)]

In [6]: [[x,y] for x in range(2) for y in range(2)]
Out[6]: [[0, 0], [0, 1], [1, 0], [1, 1]]
```

列表推导式可以利用 range( )函数生成一个倒序列表。

```
In [7]: [i for i in range(5, 0, -1)]        #步长为负数表示倒序
Out[7]: [5, 4, 3, 2, 1]

In [8]: list(range(5, 0, -2))               #步长为-2
Out[8]: [5, 3, 1]
```

range( )函数也可以倒序，格式为 range(a,b,-1)，a 要大于 b。

filter( )函数也可以实现行函数功能，如下所示。

```
In [9]: b = [ i for i in range(1,10) if i>5 and i<8 ]
   ...: b
Out[9]: [6, 7]
```

用 filter( )函数改写如下。

```
In [10]: list(filter(lambda x: x>5 and x<8, range(1,10)))
Out[10]: [6, 7]
```

4.4 模块和包

先观察以下代码。

```
In [1]: a=[1.23e+18, 1, -1.23e+18]
   ...: sum(a)
Out[1]: 0.0
```

上面的代码的输出结果怎么会是 0 呢？再执行下面的代码。

```
In [2]: import math
   ...: math.fsum(a)
Out[2]: 1.0
```

这就对了！计算机由于浮点数的运算问题，会导致上面的结果有差异。但是引入 math 模块后，计算结果就正常了。

4.4.1 模块

模块是包含函数和其他语句的 Python 脚本文件，它以“.py”为扩展名。例如，前面的 yu.py，其中文件名 yu 为模块名称。

在 Python 中可以导入模块，然后使用模块中提供的函数或者变量。以 math 模块为例，导入模块的格式如下。

```
import math                         #导入math模块
```

```
import math as m                #导入math模块并取别名为m
from math import exp as e       #导入math模块中的exp()函数并取别名为e
```

使用“import 模块名”的格式导入模块后，要想调用模块中的函数，则必须以“模块名.函数名”的形式调用函数。或者使用“import 模块名 as 别名”的格式并以“别名.函数名”的形式调用函数。而from是将模块中某个函数导入，所以对于使用from导入的模块中某个函数，可以直接使用函数名调用，不必在前面加上模块名称。例如，本节开头的代码可改写如下。

```
In [3]: import math as m          #给math模块取别名为m，使用时用m替代math
   ...: a=[1.23e+18, 1, -1.23e+18]
   ...: m.fsum(a)
Out[3]: 1.0

In [4]: from math import fsum     #这里直接导入了math模块中的fsum()函数
   ...: a=[1.23e+18, 1, -1.23e+18]
   ...: fsum(a)                   #直接使用fsum()函数，不再使用math.fsum()
Out[4]: 1.0
```

使用from导入模块中的函数后，使用模块中的函数会方便很多，不再使用模块名。如果想将多个模块中的所有函数都采用这种方式导入，则可以在from中使用通配符“*”，表示导入模块中的所有函数，但不建议这样使用。

```
In [5]: from math import sqrt     #仅导入了sqrt()函数
   ...: sqrt(4)
Out[5]: 2.0

In [6]: cos(4)                    #仅导入了sqrt()函数，所以cos()函数不能直接用
Traceback (most recent call last):
File "C:\Users\yubg\AppData\Local\Temp/ipykernel_8284/63647921.py", line 1, in
<module>
cos(4)
NameError: name 'cos' is not defined

In [7]: from math import *        #将math中的所有函数全部导入
   ...: sqrt(4)
Out[7]: 2.0

In [8]: cos(4)                    #上面已经将math中的所有函数都导入了，可以直接使用
Out[8]: -0.6536436208636119
```

模块就是一个扩展名为.py的程序文件。可以直接调用它，节省时间、精力，无须重复写同样的代码。调用模块时最好将被调用文件和调用文件置于同一个文件夹下，也可以用临时访问文件的方法，例如，当前文件需要调用“E:/yubg/python”中的文件ybg.py，代码如下。

```
#文件ybg.py
import sys
sys.path.append('E:/yubg/python')
import ybg
```

4.4.2 包

Python 中的包是一种有层次的文件目录结构，其中定义了由若干个模块或若干个子包组成的Python 应用程序运行环境。简单来说，包是一种包含__init__.py 文件的目录，该目录下一定得有__init__.py 文件和其他模块或子包，也就是带有__init__.py 文件的文件夹。

通常将多个关系密切的模块组织成一个包，以便维护和使用。这项技术能有效避免名字空间冲突。创建一个名为包名的文件夹，并在该文件夹下创建一个__init__.py 文件就定义了一个包。可以根据需要在该文件夹下存放资源文件、已编译扩展及子包。举例来说，一个包可能有以下结构。

```
yubg/
    __init__.py
    index.py
    Primitive/
        __init__.py
        lines.py
        fill.py
        text.py
        ...
    yubg_1/
        __init__.py
        plot2d.py
        ...
    yubg2/
        __init__.py
        plot3d.py
        ...
```

import 语句使用以下几种方式导入包中的模块。

```
import yubg.Primitive.fill
    #导入模块 yubg.Primitive.fill，只能以全名访问模块属性
    #例如 yubg.Primitive.fill.floodfill(img,x,y,color)

from yubg.Primitive import fill
    #导入模块 fill，只能以 fill.属性名这种方式访问模块属性
    #例如 fill.floodfill(img,x,y,color)

from yubg.Primitive.fill import floodfill
    #导入模块 fill，并将函数 floodfill()放入当前名称空间，直接访问被导入的属性
    #例如 floodfill(img,x,y,color)
```

无论一个包的哪个部分被导入，文件__init__.py 中的代码都会运行。这个文件的内容允许为空，不过通常情况下它用来存放包的初始化代码。导入过程遇到的所有__init__.py 文件都被运行。因此 import yubg.Primitive.fill 语句会顺序运行 yubg 和 Primitive 文件夹下的__init__.py 文件。

下面的语句有歧义。

```
from yubg.Primitive import *
```

本语句的原意是将 yubg.Primitive 包下的所有模块导入当前的名称空间。然而，由于不同平台之间文件命名规则（比如大小写敏感）不同，Python 不能正确判断哪些模块要被导入。该语句只会顺序运行 yubg 和 Primitive 文件夹下的__init__.py 文件。要解决这个问题，应该在 Primitive 文件夹下的__init__.py 中，定义一个名称为 all 的列表，示例如下。

```
# yubg/Primitive/__init__.py
__all__ = ["lines","text","fill",...]
```

这样，上面的语句就可以导入列表中所有的模块。

但下面的代码存在很大的风险。

```
>>> __import__('os').system('dir >dir.txt')
0
>>> open('dir.txt').read()
```

```
 驱动器 C 中的卷是 Windows
 卷的序列号是 F8AB-2818

 C:\Users\yubg 的目录

2023/07/23  22:01    <DIR>          .
2023/04/29  12:27    <DIR>          ..
2023/06/24  20:16    <DIR>          .cache
2023/06/24  20:16    <DIR>          .deepface
2023/07/14  23:45    <DIR>          .ipynb_checkpoints

......(此处省略若干行)

2023/07/14  23:47             5,816 实例：快速提取一串字符中文字.ipynb
20211229.ipynb
               9 个文件      1,886,555 字节
              26 个目录 51,306,921,984 可用字节
>>>
```

执行上面的代码，其实就已经在 Python 安装目录下建立了一个名为 dir.txt 文件。如果再运行下面的代码，则可以将新建的 dir.txt 文件删除。

```
>>> import os       #导入 os 模块
>>> os.system('del dir.txt /q')
0
>>>
```

上面新建的 dir.txt 文件已经被删除了。也就是说，上面的代码可以删除本地计算机上的任何文件！

请自行测试下面的代码。

```
>>>eval("__import__('os').system(r'md c:\\testtest')")
>>>eval("__import__('os').system(r'rd/s/q c:\\testtest')")
>>>eval("__import__('os').startfile(r'c:\windows\\notepad.exe')")
```

4.4.3 时间日期模块

time 模块提供各种与时间相关的功能。在 Python 中，与处理时间有关的模块包括 time、datetime、calendar 等。

一些术语和约定的解释如下。

时间戳（Timestamp）：通常来说，时间戳表示的是从 1970 年 1 月 1 日 00:00:00 开始按秒计算的偏移量（time.gmtime(0)），time 模块中的函数无法处理 1970 年以前的日期和时间或太遥远的未来。

UTC（Coordinated Universal Time，世界协调时）：也称格林尼治时，是世界标准时间。在中国为 UTC+8。

DST（Daylight Saving Time）：夏令时。

【例 4-11】 time 模块的各种用法。

```
In [1]: import time             #导入 time 模块
   ...: t1=time.time()          #返回现在的时间，但返回的是时间戳
   ...: t1
Out[1]: 1690121392.91533

In [2]: t2=time.ctime()         #返回现在的时间，正常的时间格式
   ...: t2
Out[2]: 'Sun Jul 23 22:09:56 2023'
```

```
In [3]: t3=time.ctime(t1)      #可以将时间戳作为参数，返回正常格式的时间
   ...: t3
Out[3]: 'Sun Jul 23 22:09:52 2023'

In [4]: t4=time.localtime()    #返回现在的时间，但返回的是时间元组，具体见下面的说明
   ...: t4
Out[4]: time.struct_time(tm_year=2023, tm_mon=7, tm_mday=23, tm_hour=22, tm_min=10,
tm_sec=5, tm_wday=6, tm_yday=204, tm_isdst=0)

In [5]: t5=time.asctime()      #返回现在的时间，正常的时间格式
   ...: t5
Out[5]: 'Sun Jul 23 22:10:08 2023'

In [6]: t6=time.asctime(t4)    #可将时间元组作为参数，返回正常格式的时间
   ...: t6
Out[6]: 'Sun Jul 23 22:10:05 2023'

In [7]: time.strftime('%y/%m/%d')       #返回当前日期，以/分隔，也可换成以,分隔
Out[7]: '23/07/23'
```

说明如下。

- tm_year：年。
- tm_mon：月。
- tm_mday：日。
- tm_hour：时。
- tm_min：分。
- tm_sec：秒。
- tm_wday：一周中的第几天。
- tm_yday：一年中的第几天。
- tm_isdst：夏令时(-1 代表夏令时) 。

1．datetime 模块

datetime 模块重新封装了 time 模块，提供更多接口，提供的类有 date、time、datetime、timedelta（时间加减）、tzinfo（时区）。

```
In [8]: import datetime
   ...: datetime.date.today()                    #返回当前日期
Out[8]: datetime.date(2023, 7, 23)

In [9]: datetime.date(2016, 4, 10)
Out[9]: datetime.date(2016, 4, 10)

In [10]: datetime.date.today().ctime()           #返回当前日期和时间
Out[10]: 'Sun Jul 23 00:00:00 2023'

In [11]: datetime.date.today().timetuple()       #返回当前日期和时间，但返回的是时间元组
Out[11]:time.struct_time(tm_year=2023, tm_mon=7, tm_mday=23, tm_hour=0, tm_min=0,
tm_sec=0, tm_wday=6, tm_yday=204, tm_isdst=-1)

In [12]: print(datetime.datetime.now())          #返回当前正常格式的日期和时间
2023-07-23 22:13:22.867383

In [13]: t = datetime.datetime.now()             #获取当前日期和时间
```

```
In [14]: m = t + datetime.timedelta(5)          #在t时刻上增加5天（默认单位是天）
    ...: m
Out[14]: datetime.datetime(2023, 7, 28, 22, 13, 41, 299169)

In [15]: n = t + datetime.timedelta(weeks=5)
    ...: print(n)
2023-08-27 22:13:41.299169
```

说明：timedelta( )的参数默认是days，还可以是hours，或者是weeks、minutes、seconds，但不能是years和months，因为年和月的天数不定，如一个月可能有30天或31天等。

2．calendar模块

calendar模块的函数都与日历相关，例如，输出某月的字符日历。星期一是默认的每周第一天，星期天是默认的最后一天。更改设置需调用calendar.setfirstweekday( )函数。

```
In [1]: import calendar
   ...: m = calendar.month(2023,7)          #返回某年某月的日历
   ...: print(m)

     July 2023
Mo Tu We Th Fr Sa Su
                1  2
 3  4  5  6  7  8  9
10 11 12 13 14 15 16
17 18 19 20 21 22 23
24 25 26 27 28 29 30
31

In [2]: calendar.setfirstweekday(6)         #修改周日为每周的第一天
   ...: m = calendar.month(2023,7)
   ...: print(m)

     July 2023
Su Mo Tu We Th Fr Sa
                   1
 2  3  4  5  6  7  8
 9 10 11 12 13 14 15
16 17 18 19 20 21 22
23 24 25 26 27 28 29
30 31

In [3]: n = calendar.calendar(2023,w=2,l=1,c=6)
   ...: print(n)
```

In[3]的输出结果如下。

注意：calendar.calendar(2023,w=2,l=1,c=6)返回2023年的日历（见图4-1），3个月一行，日宽度为*w*个字符，日间隔为*l*个字符，月间隔为*c*个字符，每行长度为21*w+18*l+2*c个字符。

calendar模块还可以处理闰年的问题。判断是否为闰年、输出两个年份之间闰年的个数的代码如下。

```
In [4]: import calendar
   ...: print(calendar.isleap(2024))
True

In [5]: print(calendar.leapdays(2010, 2025))
4
```

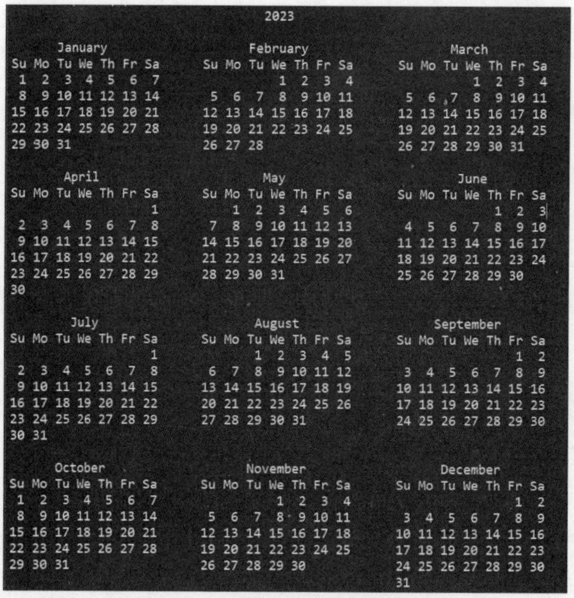

```
                                  2023

      January                   February                   March
Su Mo Tu We Th Fr Sa      Su Mo Tu We Th Fr Sa      Su Mo Tu We Th Fr Sa
 1  2  3  4  5  6  7                1  2  3  4                1  2  3  4
 8  9 10 11 12 13 14       5  6  7  8  9 10 11       5  6  7  8  9 10 11
15 16 17 18 19 20 21      12 13 14 15 16 17 18      12 13 14 15 16 17 18
22 23 24 25 26 27 28      19 20 21 22 23 24 25      19 20 21 22 23 24 25
29 30 31                  26 27 28                  26 27 28 29 30 31

       April                      May                       June
Su Mo Tu We Th Fr Sa      Su Mo Tu We Th Fr Sa      Su Mo Tu We Th Fr Sa
                   1          1  2  3  4  5  6                   1  2  3
 2  3  4  5  6  7  8       7  8  9 10 11 12 13       4  5  6  7  8  9 10
 9 10 11 12 13 14 15      14 15 16 17 18 19 20      11 12 13 14 15 16 17
16 17 18 19 20 21 22      21 22 23 24 25 26 27      18 19 20 21 22 23 24
23 24 25 26 27 28 29      28 29 30 31               25 26 27 28 29 30
30

        July                     August                  September
Su Mo Tu We Th Fr Sa      Su Mo Tu We Th Fr Sa      Su Mo Tu We Th Fr Sa
                   1             1  2  3  4  5                      1  2
 2  3  4  5  6  7  8       6  7  8  9 10 11 12       3  4  5  6  7  8  9
 9 10 11 12 13 14 15      13 14 15 16 17 18 19      10 11 12 13 14 15 16
16 17 18 19 20 21 22      20 21 22 23 24 25 26      17 18 19 20 21 22 23
23 24 25 26 27 28 29      27 28 29 30 31            24 25 26 27 28 29 30
30 31

      October                   November                  December
Su Mo Tu We Th Fr Sa      Su Mo Tu We Th Fr Sa      Su Mo Tu We Th Fr Sa
 1  2  3  4  5  6  7                1  2  3  4                      1  2
 8  9 10 11 12 13 14       5  6  7  8  9 10 11       3  4  5  6  7  8  9
15 16 17 18 19 20 21      12 13 14 15 16 17 18      10 11 12 13 14 15 16
22 23 24 25 26 27 28      19 20 21 22 23 24 25      17 18 19 20 21 22 23
29 30 31                  26 27 28 29 30            24 25 26 27 28 29 30
                                                    31
```

图 4-1　返回的 2023 年的日历

4.4.4　urllib 模块

下载网上的文档、数据时，常用到 urllib 模块，即人们常说的爬虫，具体如下。

```
In [21]: import urllib.request
    ...: ur = urllib.request.urlopen("http://www.*****.com")
    ...: content = ur.read()
    ...: mystr = content.decode("utf8")
    ...: ur.close()
    ...: print(mystr)
<!DOCTYPE html><!--STATUS OK-->


<html><head><meta http-equiv="Content-Type" content="text/html;charset=utf-8">
<meta http-equiv="X-UA-Compatible" content="IE=edge,chrome=1"><meta content= "always"
name="referrer"><meta name="theme-color" content="#ffffff"><meta name= "description"
content="全球领先的中文搜索引擎、致力于让网民更便捷地获取信息，找到所求。百度超过千亿的中文网页数
据库，可以瞬间找到相关的搜索结果。"><link rel="shortcut icon" href="/favicon. ico"
type="image/x-icon" /><link rel="search"
type="application/ opensearchdescription+xml" href="/content-search.xml" title=
"百度搜索" /><link rel= "icon" sizes="any" mask href="//www.*****.com/img
......（省略多行）
<script src="http://ss.bdimg.com/static/superman/js/components/hotsearch-b24aa44c42.js">
</script>
<script defer src="//hectorstatic.*****.com/cd37ed75a9387c5b.js"></script>
</body>
</html>
```

由于网页内容太多，因此这里只取了部分内容。当然，要想获取更多的其他内容，需要使用更多的技术。这里仅把首页的内容“抓”了下来。需要注意如下代码。

```
urllib.request.urlopen("http://www.*****.com")
```

这行代码里的参数是网址，“http://”不能少，否则会报错！关于更多的更深层次的爬虫技术后文会介绍。

本章实践

1. 编写一个函数，实现摄氏温度和华氏温度之间的换算，换算公式为 F=9C/5 + 32。要求输入摄氏温度的值，能够显示相应的华氏温度的值；输入华氏温度的值，能够显示相应的摄氏温度的值。

2. 制作一个加法计算器，要求用户先后输入两个数字，能够计算出结果，并输出加法算式。

3. 为老师编写一个处理全班考试成绩的程序。要求：

（1）能够依次录入班级里同学的姓名和分数；

（2）录入完毕，能输出全班的平均分、最高分的同学姓名和分数。

4. 请编写一个函数，实现密码登录的程序，要求可以自定义 n（默认值为 3）次试错机会，超过 n 次密码输入错误时退出并输出“你已经输入 n 次了！”；输入错误时输出“密码错误，再来一次！”；输入正确时，输出“输入正确，恭喜您！”，并退出循环。

5. 编写程序，将能被 17 整除的三位数字显示出来。

6. 编写一个猜数游戏，要求：

（1）用户可以输入无限多次数字。

（2）如果猜中了数字，则输出用户猜测的次数和数字结果。

7. 编写程序，判断一个数字是否为素数。

第5章 类

本章知识点导图

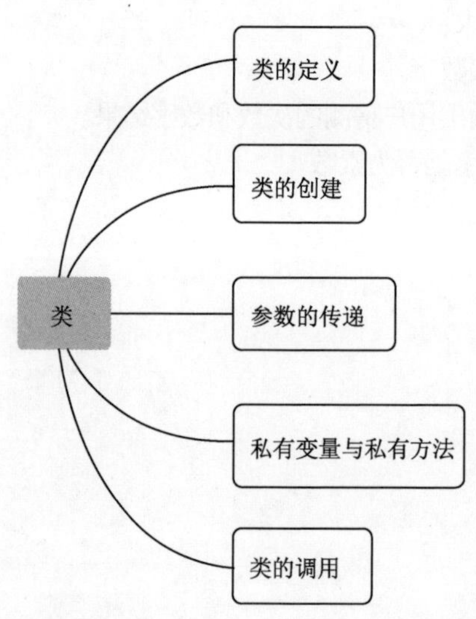

面向对象编程（Object Oriented Programming，OOP）是一种程序设计思想。OOP 把对象作为程序的基本单元，对象包含数据和操作数据的函数。

类（Class）可以被理解为“物以类聚”，即有相同的功能特性。“类”好似图纸、模具，另一方面又可以理解为功能（函数）的组合。

5.1 类的定义

在 Python 中，所有数据类型都可以视为对象，当然也可以自定义对象。自定义的对象数据类型就是面向对象中类的概念。

类是所有面向对象语言中较难理解的内容。Python 中的类是一个抽象的概念，也是 Python 的核心概念之一，可以把它简单看作数据，以及由存取、操作这些数据的方法所组成的集合。函数的作用就是重复利用代码，那么为什么还要定义类这个概念呢？类有以下优点。

（1）类对象是多态的：多态也就是多种形态，这意味着我们可以对不同的类对象使用同样的操作方法，而不需要额外写代码。

（2）类的封装：封装之后，可以直接调用类的对象来操作内部的一些类方法，不需要让使用者看到代码工作的细节。

（3）类的继承：类可以从其他类或者元类中继承它们的方法，直接使用。

定义类的语法如下。

```
class NameClass(object):
    def fname(self, name):
        self.name = name
```

第一行是 class 后面紧接类的名称，最后带上“:”。类的名称首字母最好大写，以区别于函数。

第二行开始是类的方法，和函数非常相似，但与普通函数不同的是，它的内部有一个“self”参数，它的作用是对对象自身的引用。

举一个例子来说明面向过程和面向对象在程序流程上的不同之处。假设要处理学生的成绩表，输出学生的成绩，面向过程的程序可以通过函数来实现，例如，输出学生成绩的代码如下。

```
In [1]: def print_score(name,score):
   ...:     print('{0},{1}'.format(name, score))
In [2]: print_score("张三", 80)

张三,80
```

如果采用面向对象的程序设计思想，首先思考的不是程序的执行流程，而是 Student 这种数据类型应该被视为一个对象，这个对象拥有 name 和 score 这两个属性（Property）。如果要输出一个学生的成绩，首先必须创建出相应的对象，然后给对象发一个 print_score 消息，让对象自行输出自己的数据。

```
In [3]: class Student(object):
   ...:     def __init__(self, name, score):
   ...:         self.name = name
   ...:         self.score = score
   ...:     def print_score(self):
   ...:         print('{0},{1}'.format(self.name,self.score))
```

给对象发消息实际上就是调用对象对应的关联函数，称为对象的方法（Method）。面向对象的程序示例如下。

```
In [4]: bart = Student('Bart Simpson', 59)
   ...: lisa = Student('Lisa Simpson', 87)
   ...: bart.print_score()
Bart Simpson,59

In [5]: lisa.print_score()
Lisa Simpson,87
```

In [3]中具体代码含义后面再讲。

面向对象的设计思想是从自然界中来的，因为在自然界中，类和实例（Instance）的概念是很自然的。类是一种抽象概念，比如，我们定义的类 Student，是指学生这个概念；而实例则是一个个具体的 Student，比如，Bart Simpson 和 Lisa Simpson 是 Student 类的两个具体的实例。Python 中类的概念可以比作某种类型的集合描述。打个比方，类就是烤饼干的模子，而一个个的饼干就是一个个实例；或者说类就是一个工厂，实例就是其一个个产品。

所以，面向对象的设计思想是抽象出类，根据类创建实例。

类的方法与普通的函数只有一个明显的区别——类的方法必须有额外的第一个参数，但是在调用此方法的时候，不用为这个参数赋值，Python 会提供这个值。这个特别的参数指对象本身，它就是 self。

5.2 类的创建

既然类就是功能（函数）的组合，那么它就是一些函数（实现功能的方法，所以类中的功能实现也称为方法）按照一定的规则的组合。所以创建类就是对功能函数按规则组合在一起进行封装。

创建类的方法跟自定义函数类似，但有区别，具体如下：

（1）创建类要用 class 引出；

（2）类的名称首字母要大写；

（3）类中的功能函数都需要有一个 self 参数；

（4）参数传进类内需要用 self.来接收，如接收参数 a 的值为 self.a=a；

（5）类中的属性和参数在引用时要在其前加 self.。

在类中有一些固定的参数，称为属性；类内的函数称为方法。比如，人这个类，都有一张嘴、两只眼睛、两条腿、两只手等，这些都是固有的，称为属性。但是人这个类中每个实例还有区别，如有的善于奔跑、有的擅长音乐，这些就属于实例特有的功能，这些能够达到完成的一定功能（类内函数）就是方法。

【例 5-1】创建一个 Peo 类。

```
In [6]: class Peo:
   ...:     def __init__(self,name,age,sex):
   ...:         self.Name = name
   ...:         self.Age = age
   ...:         self.Sex = sex
   ...:     def speak(self):
   ...:         print("my name: %s" %self.Name)
```

这个类首先写了一个特定的方法__init__()用来传递参数，它将 name、age、sex 这 3 个参数值赋给了 self.Name、self.Age、self.Sex。其实，self.Name、self.Age、self.Sex 这 3 个参数名称不一定非得跟 name、age、sex 对应，如 self.Name 也可以命名为 self.xm 或者 self.abc，只是为了方便识别、记忆，所以一般情况下还是对应比较方便。但是 self.是必须有的，且不能被改变。

Peo 类中的 speak()是一个类内函数，即方法。类内函数都必须带有参数 self，而且必须作为其第一个参数。

创建类时，只要创建了名为__init__()的特定方法，在实例化这个类时就会运行这个方法。由于__init__()方法可以传递参数，因此创建对象时就可以把属性设置为所需的值，__init__()这个方法会在创建对象时完成初始化。

实例化 Peo 类的对象。

```
In [7]: zhangsan=Peo("zhangsan",24,'man')
   ...: print(zhangsan.Age)
24

In [8]: print(zhangsan.Name)
zhangsan

In [9]: print(zhangsan.Sex)
man

In [10]: zhangsan.speak()
my name: zhangsan
```

和普通的函数相比，在类中定义的函数只有一点不同，就是第一个参数永远是实例变量 self，并且调用时不用传递该参数。除此之外，类的方法和普通函数区别不大。因此，参数仍然可以使用默认参数、可变参数、关键字参数和命名关键字参数等。

5.3 参数的传递

和函数一样，类可以接收参数。类的参数可以在__init__()方法中传入，也可以在其他方法中传入，例如，在__init__()方法中传入 name 参数，在 tall()方法中传入身高参数 high。

例 5-2 创建了一个名为 Person 的类，里面有两个属性 x 和 y，x 是一个数组，y 是字符串。Person 类还有 5 个方法（子函数）。

【例 5-2】类的参数传入方式。

```
In[11]: class Person:
   ...:     """
   ...:         这是一个类，举例说明了如何传入参数和实现各种功能。
   ...:     """
   ...:     x = (1,2,2)
   ...:     y = "这是一个关于类的属性和方法的应用案例，类名为 Person。"
   ...:
   ...:     def __init__(self, name):
   ...:         self.name = name
   ...:
   ...:     def print(self):       #每个方法（子函数）都必须要有 self 参数
   ...:         '''
   ...:         输出 Person 类的说明和固有属性
   ...:         '''
   ...:         print(self.y)
   ...:         print("人有%d 张嘴，%d 只眼睛，%d 只手。"%(self.x[0], self.x[1],
self.x[2]))
   ...:
   ...:     def nam(self):
   ...:         """
   ...:         输出实例的姓名
   ...:         """
   ...:         print("姓名：", self.name)
   ...:
   ...:     def tall(self, high):
   ...:         """
   ...:         接收实例的身高参数，并输出
   ...:         """
   ...:         self.high = high
   ...:         print("这是%s 身高（cm）："%self.name, high)  #此处可以直接用 high
   ...:
   ...:     def info(self):
   ...:         print("%s 的身高(cm)：%s"%(self.name, self. high))
           #此处必须用 self.high
```

实例化 Person 类。

```
In [12]: yubg = Person("余本国")
In [13]: yubg.print()
这是一个关于类的属性和方法的应用案例，类名为 Person。
人有 1 张嘴，2 只眼睛，2 只手。

In [14]:yubg.nam()
姓名： 余本国

In [15]: yubg.tall(170)
```

```
这是余本国身高（cm）： 170

In [16]:yubg.info()
余本国的身高（cm）：170
```

说明：def __init__(self, name)和 def tall(self, high)都可以传入参数，但前一种方式在实例化的时候就需要传入参数，后一种方式在调用该方法时才传入参数。

5.4 私有变量与私有方法

类可以有公有变量与公有方法，也可以有私有变量与私有方法，公有部分的对象可以从外部访问，而私有部分的对象只有在类的内部才可以访问。在普通变量名或方法名（即公有变量名或方法名）前加双下画线“__”，即可定义私有变量或私有方法。

【**例 5-3**】类的私有变量与私有方法。

```
In [17]: class PubAndPri:
    ...:     pub = "这是公有变量"
    ...:     __pri = "这是私有变量"
    ...:
    ...:     def __init__(self):
    ...:         self.other = "公有变量也可这样定义"
    ...:
    ...:     def out_pub(self):
    ...:         print("公有方法", self.pub, self.__pri)
    ...:
    ...:     def __out_pri(self):
    ...:         print("私有方法", self.pub, self.__pri)

In [18]: pp = PubAndPri()

In [19]: pp.out_pub()                #访问公有方法
公有方法 这是公有变量 这是私有变量

In [20]: print(pp.pub, pp.other)  #访问公有变量
这是公有变量 公有变量也可这样定义

In [21]: try:
    ...:     pp.__out_pri()
    ...: except Exception as e:
    ...:     print("调用私有方法发生错误！")
调用私有方法发生错误!

In [22]: try:
    ...:     print(pp._pri)
    ...: except Exception as e:
    ...:     print("访问私有变量发生错误！")
访问私有变量发生错误!
```

5.5 类的调用

类的调用跟函数的调用类似。

```
#file_A.py文件
class Ax:
    def __init__(self,xx,yy):
        self.x=xx
        self.y=yy
    def add(self):
        print("x和y的和为%d"%(self.x+self.y))
```

在B.py文件中调用file_A.py文件中的类Ax中的方法add( )，代码如下。

```
#B.py文件:
from file_A import Ax
a=Ax(2,3)
a.add()
```

或使用如下代码。

```
import file_A
a= file_A.Ax(2,3)
a.add()
```

以上函数和类的调用方法都是在同一个路径下的调用，对于不同路径下的调用，需要进行“说明”，即需要有“导引”。假如file_A.py文件的路径为C:\Users\lenovo\Documents，现有D:\yubg下的B.py文件需要调用file_A.py文件中类Ax的add( )方法，调用方法如下。

```
import sys
sys.path.append(r' C:\Users\lenovo\Documents ')

import file_A
a= file_A.Ax(2,3)
a.add()
```

Python在导入函数或模块时，是在sys.path里按顺序查找的。sys.path是一个列表，其中以字符串的形式存储了许多路径。使用file_A.py文件中的函数需要先将它的文件路径放到sys.path中。

```
import sys
sys.path.append(r'C:\Users\lenovo\Documents')
from file_A import Ax
a=Ax(2,3)
a.add()
```

输出结果如下。

```
x和y的和为5
```

本章实践

1. 创建类PayCalculator，该类拥有属性pay_rate（单位时间的报酬）和方法compute_pay(hours)（用于计算给定工作时间的报酬），调用compute_pay(hours)方法计算给定工作时间的报酬。

2. 创建类SchoolKid，初始化小孩的姓名、年龄。SchoolKid类有访问每个属性的方法和修改属性的方法。然后创建类ExaggeratingKid，继承类SchoolKid，在子类中覆盖访问年龄的方法，并将实际年龄加2。

第6章 正则表达式

第6章 正则表达式

本章知识点导图

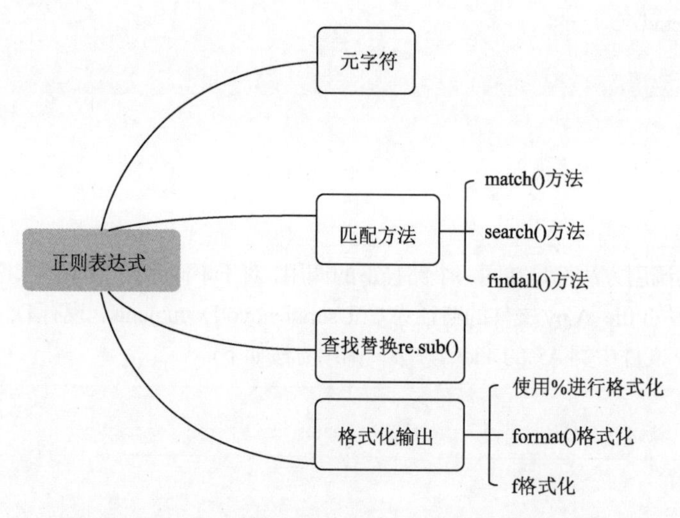

正则表达式（Regular Expression）可以追溯至沃伦·麦卡洛克（Warren McCulloch）和沃尔特·皮茨（Walter Pitts）这两位科学家对人类神经系统如何工作的早期研究，他们用一种数学方式来描述神经网络。到了1956年，一位叫斯蒂芬·克莱尼（Stephen Kleene）的数学家在麦卡洛克和皮茨早期工作的基础上，发表了一篇标题为"神经网事件的表示法"的论文，正式地提出了正则表达式的概念。正则表达式的第一个实用应用程序就是UNIX中的qed编辑器。目前，正则表达式已经在很多软件中得到了广泛的应用，包括Linux、UNIX等操作系统，PHP、C#、Java等开发环境，以及诸多应用软件。

正则表达式描述了一种字符串匹配模式，可以用来检查一个字符串是否含有某种子串，将匹配的子串替换或者从某个字符串中取出符合某个条件的子串。

6.1 元字符

正则表达式，又称正规表示式、规则表达式等，在代码中常简写为regex或RE。在很多文本编辑器里，正则表达式通常被用来检索、替换匹配某个模式的文本，如提取某个网页中所有的E-mail地址或者网址等。

Python 中正则表达式的模块为 re，用 import re 导入。它是一种用来匹配字符串的强有力武器。其设计思想是用一种描述性的语言来给字符串定义一个规则，凡是符合规则的字符串，就认为它“匹配”了。

例如在网上填表时，经常需要填写手机号码，只有输入数字才被接收，这就可以用正则表达式去匹配数字。

在 Python 的 re 模块里，数字可以用 “\d” 匹配；既可以是字母，又可以是数字的字符可以用 “\w” 匹配，如身份证号码的最后一位；“.” 可以匹配任意字符。

观察以下匹配模式。

- '00\d'：可以匹配'007'，但无法匹配'00A'，也就是说，'00'后面只能是数字。
- '\d\d\d'：可以匹配'010'，只可以匹配三位数字。
- '\w\w\d'：可以匹配'py3'，前两位可以是数字或字母，但是第三位只能是数字，如'a12'、'3a1'、'223'，但不可以匹配'y1w'。
- 'py.'：可以匹配'pyc'、'py2'、'py!'等。

有特殊用途、不代表本身的字符意义的字符称为元字符。利用元字符组合，可以匹配各种字符。常用的元字符和匹配规则如表 6-1 所示。

表 6-1　常用的元字符和匹配规则

<table>
<tr><th>字符</th><th>描述</th></tr>
<tr><td>\</td><td>将下一个字符标记为一个特殊字符，或一个原义字符，或一个向后引用，或一个八进制转义符。例如，'n' 匹配字符 "n"，'\n' 匹配换行符，序列 '\\' 匹配 "\" 而 "\(" 匹配 "("</td></tr>
<tr><td>^</td><td>匹配输入字符串的开始位置。如果设置了 RegExp 对象的 Multiline 属性，^ 也匹配 '\n' 或 '\r' 之后的位置</td></tr>
<tr><td>$</td><td>匹配输入字符串的结束位置。如果设置了 RegExp 对象的 Multiline 属性，$ 也匹配 '\n' 或 '\r' 之前的位置</td></tr>
<tr><td>*</td><td>匹配前面的子表达式零次或多次。例如，zo* 能匹配 "z" 及 "zoo"，* 等价于{0,}</td></tr>
<tr><td>+</td><td>匹配前面的子表达式一次或多次。例如，'zo+' 能匹配 "zo" 及 "zoo"，但不能匹配 "z"，+ 等价于 {1,}</td></tr>
<tr><td>?</td><td>匹配前面的子表达式零次或一次。例如，"do(es)?" 可以匹配 "do" 或 "does" 。? 等价于 {0,1}。
当该字符紧跟在任何一个其他限制符 (*, +, ?, {n}, {n,}, {n,m}) 后面时，匹配模式是非贪婪的。非贪婪模式尽可能少地匹配所搜索的字符串，而默认的贪婪模式则尽可能多地匹配所搜索的字符串。例如，对于字符串 "oooo"，'o+?' 将匹配单个 "o"，而 'o+' 将匹配所有 'o'</td></tr>
<tr><td>{n}</td><td>n 是一个非负整数，匹配确定的 n 次。例如，'o{2}' 不能匹配 "Bob" 中的 'o'，但是能匹配 "food" 中的两个 'o'</td></tr>
<tr><td>{n,}</td><td>n 是一个非负整数，至少匹配 n 次。例如，'o{2,}' 不能匹配 "Bob" 中的 'o'，但能匹配 "foooood" 中的所有 'o'。'o{1,}' 等价于 'o+'。'o{0,}' 则等价于 'o*'</td></tr>
<tr><td>{n,m}</td><td>m 和 n 均为非负整数，其中 n<=m，最少匹配 n 次且最多匹配 m 次。例如，"o{1,3}" 将匹配 "fooooood" 中的前 3 个'o'。'o{0,1}' 等价于 'o?'。注意：在逗号和两个数之间不能有空格</td></tr>
<tr><td>.</td><td>匹配除换行符（\n、\r）之外的任何单个字符。要匹配包括 '\n' 在内的任何字符，请使用像"(.|\n)"的模式</td></tr>
<tr><td>(pattern)</td><td>匹配 pattern 并获取这一匹配。要匹配圆括号字符，请使用 '\(' 或 '\)'</td></tr>
<tr><td>(?:pattern)</td><td>匹配 pattern 但不获取匹配结果，也就是说这是一个非获取匹配，不进行存储供以后使用。这在使用 "或" 字符 (|) 来组合一个模式的各个部分时很有用。例如， 'industr(?:y|ies) 就是一个比 'industry|industries' 更简略的表达式</td></tr>
<tr><td>(?=pattern)</td><td>正向肯定预查，在任何匹配 pattern 的字符串开始处匹配查找字符串。这是一个非获取匹配，也就是说，该匹配不需要获取供以后使用。例如，"Windows(?=95|98|NT|2000)"能匹配"Windows2000"中的"Windows"，但不能匹配"Windows3.1"中的"Windows"。预查不消耗字符，也就是说，在一个匹配发生后，在最后一次匹配之后立即开始下一次匹配的搜索，而不是从包含预查的字符之后开始</td></tr>
</table>

续表

<table>
<tr><th>字符</th><th>描述</th></tr>
<tr><td>(?!pattern)</td><td>正向否定预查，在任何不匹配 pattern 的字符串开始处匹配查找字符串。这是一个非获取匹配，也就是说，该匹配不需要获取供以后使用。例如，"Windows(?!95|98|NT|2000)"能匹配"Windows3.1"中的"Windows"，但不能匹配"Windows2000"中的"Windows"。预查不消耗字符，也就是说，在一个匹配发生后，在最后一次匹配之后立即开始下一次匹配的搜索，而不是从包含预查的字符之后开始</td></tr>
<tr><td>(?<=pattern)</td><td>反向肯定预查与正向肯定预查类似，只是方向相反。例如，"(?<=95|98|NT|2000)Windows"能匹配"2000Windows"中的"Windows"，但不能匹配"3.1Windows"中的"Windows"</td></tr>
<tr><td>(?<!pattern)</td><td>反向否定预查与正向否定预查类似，只是方向相反。例如，"(?<!95|98|NT|2000)Windows"能匹配"3.1Windows"中的"Windows"，但不能匹配"2000Windows"中的"Windows"</td></tr>
<tr><td>x|y</td><td>匹配 x 或 y。例如，'z|food' 能匹配 "z" 或 "food"，'(z|f)ood'能匹配 "zood" 或 "food"</td></tr>
<tr><td>[xyz]</td><td>字符集合。匹配所包含的任意一个字符。例如， '[abc]' 可以匹配 "plain" 中的 'a'</td></tr>
<tr><td>[^xyz]</td><td>负值字符集合。匹配未包含的任意字符。例如， '[^abc]' 可以匹配 "plain" 中的'p'、'l'、'i'、'n'</td></tr>
<tr><td>[a-z]</td><td>字符范围。匹配指定范围内的任意字符。例如，'[a-z]' 可以匹配 'a' 到 'z' 范围内的任意小写字母</td></tr>
<tr><td>[^a-z]</td><td>负值字符范围。匹配任何不在指定范围内的任意字符。例如，'[^a-z]' 可以匹配不在 'a' 到 'z' 范围内的任意字符</td></tr>
<tr><td>\b</td><td>匹配一个单词边界，也就是指单词和空格间开始和结束的位置。例如， 'er\b' 可以匹配"never" 中的 'er'，但不能匹配 "verb" 中的 'er'</td></tr>
<tr><td>\B</td><td>匹配非单词边界。例如，'er\B' 能匹配 "verb" 中的 'er'，但不能匹配 "never" 中的 'er'</td></tr>
<tr><td>\cx</td><td>匹配由 x 指明的控制字符。例如，\cM 匹配一个 Control-M 或回车符。x 的值必须为 A～Z 或 a～z 之一。否则，将 c 视为一个原义的 'c' 字符</td></tr>
<tr><td>\d</td><td>匹配一个数字字符。等价于 [0-9]</td></tr>
<tr><td>\D</td><td>匹配一个非数字字符。等价于 [^0-9]</td></tr>
<tr><td>\f</td><td>匹配一个换页符。等价于 \x0c 和 \cL</td></tr>
<tr><td>\n</td><td>匹配一个换行符。等价于 \x0a 和 \cJ</td></tr>
<tr><td>\r</td><td>匹配一个回车符。等价于 \x0d 和 \cM</td></tr>
<tr><td>\s</td><td>匹配任何空白字符，包括空格、制表符、换页符等。等价于 [\f\n\r\t\v]</td></tr>
<tr><td>\S</td><td>匹配任何非空白字符。等价于 [^ \f\n\r\t\v]</td></tr>
<tr><td>\t</td><td>匹配一个制表符。等价于 \x09 和 \cI</td></tr>
<tr><td>\v</td><td>匹配一个垂直制表符。等价于 \x0b 和 \cK</td></tr>
<tr><td>\w</td><td>匹配字母、数字、下画线。等价于'[A-Za-z0-9_]'</td></tr>
<tr><td>\W</td><td>匹配非字母、数字、下画线。等价于 '[^A-Za-z0-9_]'</td></tr>
</table>

【例 6-1】在文本“email 120487362@qq.com 1234”中找出 E-mail 地址，匹配模式为\b[\w.%+-]+@[\w.-]+\.[a-zA-Z]{2,4}\b，具体的正则表达式解析如图 6-1 所示。

如果要在正则表达式中使用元字符本身的意义，例如想搜索字符串中的“?”，那么需要对元字符“?”进行转义，具体的方法是把一个反斜线（\）放在元字符前面，这样元字符就失去了其特殊的意义，还原它本身代表的字符意义。

当在正则表达式中某个元字符前面放置了一个反斜线时，就表示反斜线去掉了元字符的特殊意义，使字符代表其本身的含义。但如果在某个正则表达式中看到字母、数字前面有一个反斜线时，这样的反斜线用于创建元符号。元符号提供了某些正则表达式元字符的简写方式。例如[0-9]表示 0～9 的数字，可以使用元符号\d 来表示，具体的请参见表 6-1。

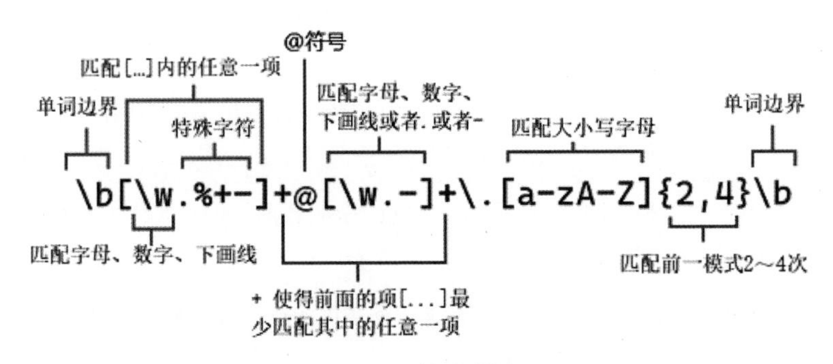

图6-1 正则表达式解析

例如要提取“这些书合计79.8000万元还是79.0000万元”中的数字，可以用以下的匹配模式。

(\d{2}\.\d{1,2}0?)

说明如下。

- \d{2}：表示匹配两位数字。
- \.：表示匹配小数点，由于'.'是元字符，因此这里要加 \ 转义。
- \d{1,2}：表示匹配一到两位数字。
- 0?：表示匹配0的次数为0到1次，结果为0或者00。

所以上式最终匹配的结果为79.800和79.000。

在正则表达式中还经常出现以下几种组合。

（1）.* 表示贪心算法，即要尽可能多地匹配，表示匹配任意一个字符的任意次数。

```
In [1]: import re                         #导入re模块
   ...: s="hello，中国"
   ...: re.findall("，.*", s)             #findall()函数为在s中匹配给定的匹配模式，后文会细讲
Out[1]: ['，中国']                         #从s中按照"，.*"匹配的结果

In [2]: s="hello，中"
   ...: re.findall("，.*", s)
Out[2]: ['，中']

In [3]: s="hello，"
   ...: re.findall("，.*", s)
Out[3]: ['，']
```

从上面可以看出，“.”可以匹配任意单个字符，“.*”可以匹配某个字符的0次或任意次。所以上面的“，.*”表示的是逗号后面可以出现任意字符，也可以逗号后不出现任何字符。再如，“中*”匹配出的结果可以是'中'后面有任意字符，也可以匹配出连'中'都不出现的空值。

（2）.*? 表示非贪心算法，表示要精确匹配。

```
In [4]: a = 'xxIxxjshdxxlovexxsffaxxpythonxx'
   ...: re.findall('xx(.*?)xx', a)
Out[4]: ['I', 'love', 'python']

In [5]: a = 'xxIxxjshdxxlovexxsffaxxpythonxx'
   ...: re.findall('xx(.*)xx', a)
Out[5]: ['Ixxjshdxxlovexxsffaxxpython']
```

从a中用'xx(.*?)xx'去匹配，符合检索条件的如下。

xxIxx

xxlovexx

xxpythonxx

由于匹配模式为'xx(.*?)xx'，表示只需要获取( )之间的数据，因此最终的结果如下。

```
['I', 'love', 'python']
```

如果使用“.*”表达式，则反馈去掉头尾 xx 之间的全部数据，即贪心模式，结果如下。

```
['Ixxjshdxxlovexxsffaxxpython']
```

说明：如果匹配给定文本中的任意汉字，则可以使用[\u4e00-\u9fa5]；若想匹配连续的多个汉字，则可以使用元字符“+”，即[\u4e00-\u9fa5]+。

6.2 匹配方法

Python 中的正则表达式模块 re 提供了 match( )、search( )和 findall( )等方法处理字符串。

6.2.1 match()方法

match( )方法用于从字符串的开始位置进行匹配，第一个字符开始匹配上的才算匹配成功，返回匹配结果，否则返回 None。其基本格式如下。

```
match(pattern, string, [flags])
```

其中，pattern 表示匹配模式，由正则表达式转换而来，即在正则表达式前加 r 防止转义。string 表示要被匹配的字符串。flags 为可选参数，用于控制匹配方式，如是否区分字母大小写等。其中，re.A 表示对\w、\W、\b、\B、\d、\D、\s、\S 只进行 ASCII 匹配；re.I 表示不区分字母大小写；re.S 表示匹配所有字符，包括换行符。

【例 6-2】match( )方法。

```
In [1]: import re
   ...: s = "没有一种工作钱多事少离家还近，钱多事少的工作是没有的。"
   ...: pat = "钱多事少"
   ...: res_1 = re.match(pat,s)
   ...: print(res_1)
None
```

匹配模式“钱多事少”不在 s 的开头部分，而是在 s 的中间，所以匹配不成功，返回的是 None。

```
In [2]: pat = "没有"
   ...: res_2 = re.match(pat,s)  #只匹配开头的，其他的不匹配
   ...: print(res_2)
<re.Match object; span=(0, 2), match='没有'>
```

因为匹配模式“没有”在 s 的开头部分，所以匹配成功，返回结果。结果中显示了匹配成功的起止位置，以及匹配上的字符。要想直接获取匹配的起止位置，可使用 span( )方法；要想获取匹配上的字符，可使用 group( )方法，示例如下。

```
In [3]: res_2.span()
Out[3]: (0, 2)

In [4]: res_2.group()
```

```
Out[4]: '没有'
```

再如，匹配 E-mail 地址。

```
In [5]: s =" 120487362@qq.com 1234,  nuc@qq.com"
   ...: pat = r"\b[\w.%+-]+@[\w.-]+\.[a-zA-Z]{2,4}\b"  #需要对原始正则表达式加 r
   ...: re.match(pat,s,re.I)
Out[5]: <re.Match object; span=(0, 16), match='120487362@qq.com'>
```

注意匹配模式参数需要防止被转义。也可以使用 re.compile(pattern [, flag])进行编译后匹配。

```
In [6]: s = "3wEdf2Sdrf"
   ...: rp = re.compile(r"\d.[a-zA-Z]")
   ...: rp.match(s).group()
Out[6]: '3wE'
```

6.2.2 search()方法

search( )方法用于在字符串中从左至右进行匹配，仅返回第一个匹配上的结果。其基本格式如下。

```
search(pattern, string, [flags])
```

参数说明同 match( )方法。

re.search( )和 re.match( )类似，不过 re.search( )不会限制只以字符串开头的查找匹配。两者返回的"匹配对象"实际上是关于匹配子串的包装类，可通过 span( )和 group( )得到匹配的子串的相关信息。

【例 6-3】search( )方法。

```
In [1]: import re
   ...: s = "没有一种工作钱多事少离家还近，钱多事少的工作是没有的。"
   ...: pat = "钱多事少"
   ...: res_3 = re.search(pat,s)
   ...: print(res_3)
<re.Match object; span=(6, 10), match='钱多事少'>

In [2]: res_3.group()
Out[2]: '钱多事少'

In [3]: res_3.span()
Out[3]: (6, 10)
```

在字符串 s 中有两处"钱多事少"，但是只返回了第一次匹配上的，即索引为 6～10 的。

6.2.3 findall()方法

看过 match( )和 search( )方法后，总觉得搜索不够完美，对一般的搜索匹配来说，希望把能匹配上的都找出来。findall( )刚好满足了这个需求，它将匹配成功的子串以列表的形式返回。其基本格式如下。

```
findall(pattern, string, flags=0)
```

【例 6-4】findall( )方法。

```
In [1]: import re
   ...: s = "没有一种工作钱多事少离家还近，钱多事少的工作是没有的。"
   ...: pat = "钱多事少"
   ...: res_3 = re.findall(pat,s)
   ...: print(res_3)
```

```
['钱多事少', '钱多事少']

In [2]: str = 'aabbabaabbaac2.b'

In [3]: print(re.findall(r'a.b',str))       #.表示匹配除\n（换行符）以外的任意一个字符
['aab', 'aab']

In [4]: print(re.findall(r'a*b',str))       #* 前面的字符出现 0 次或以上
['aab', 'b', 'ab', 'aab', 'b', 'b']

In [5]: print(re.findall(r'a.*b',str))
#.*表示贪婪模式，匹配从.*前面的字符开始到后面的字符结束的所有内容
['aabbabaabbaac2.b']

In [6]: print(re.findall(r'a.*?b',str))
#.*?表示非贪婪模式，遇到开始和结束就进行截取，因此截取多次符合的结果，中间没有字符也会被截取
['aab', 'ab', 'aab', 'aac2.b']

In [7]: print(re.findall(r'a(.*?)b',str))
#(.*?)与上面一样，但仅保留括号内匹配出来的内容
['a', '', 'a', 'ac2.']
```

注意 In[6]和 In[7]的区别，括号的作用是仅保留括号内匹配出来的内容。findall( )一旦匹配成功，再次匹配时是将已经匹配成功的截去之后再次开始的，也可以理解为匹配成功的字符串不再参与下次匹配，匹配出所有的并返回一个列表。而 match( )是从字符串的开头位置，类似于^功能。search( )则是从全局匹配，匹配成功返回第一个。

6.3 查找替换 re.sub()

在数据处理中，经常需要对字符串或文本进行查找和替换。re.sub(pat,new, string)可将匹配模式 pat 在 string 中所匹配到的所有字符通通替换成 new。

【例 6-5】查找替换。下面的变量 a 中有字母、'（单引号）、\n（换行符）、数字、:（冒号）、,（逗号），请删除其中所有除字母和数字以外的符号。代码如下。

```
In [1]: import re
   ...: a='eew \' eawr,2 fd\n sa:21'
   ...: b=re.sub(r'[\':\s ,]*', '', a)
   ...: print(b)
eeweawr2fdsa21
```

正则表达式 r'[\':\s ,]*'的含义如下。

（1）添加 r，说明该字符串中全为普通字符（以 r 或 u 开头的字符串用于防转义），常用于正则表达式。

（2）[]内是一个字符集，字符集内的任何一个被匹配上，都算匹配成功，如 r'a[bcd]e'可以匹配到'abe'、'ace'、'ade'。

（3）*代表匹配前一个字符 0 次或多次。

（4）\s 代表空白字符，比如空格、换行符（\n）、制表符(\t)等。

于是 r'[\':\s ,]*'组合起来就是匹配字符串中所有的'（单引号）、\n（换行符）、:（冒号）、,（逗号）。

re.sub(r'[\':\s ,]*', '', a)就是将匹配到的'（单引号）、\n（换行符）、:（冒号）、,（逗号）全部替换成空白字符''。

6.4 格式化输出

Python 格式化输出常用的有%和 format( )格式化两种方式。format( )格式化的功能比%方式要强大得多，其中，format( )格式化支持自定义字符填充空白、字符串居中显示、转换二进制、整数自动分割、百分比显示等功能。Python 3.6 及之后的版本新增了 f 格式化。

6.4.1 使用%进行格式化

下面为一个用%进行格式化的代码示例。

```
In [1]: name1 = "Bigben"
        print("He said his name is %s." %name1)
Out[1]:
        He said his name is Bigben.
```

字符串引号内的%为格式化开始，类似于占位符，其后的 s 表示此处占位补充的是字符串，紧跟在引号之后的%为需要填充的内容。使用这种方式进行字符串格式化时，要求被格式化的内容和格式字符之间必须一一对应。所以上述代码中“He said his name is %s.”中的%s 表示在此处要填充字符串，填充的内容是其后面%name1 的内容，而 name1 的值是"Bigben"，所以 print("He said his name is %s." %name1)这行代码输出的就是“He said his name is Bigben.”。同样，%d 表示整数占位，%f 表示浮点数占位。

用%进行格式化的其他示例如下。

```
In [2]: name1=" Bigben "
   ...: print("He said his name is %d."%name1)
        #%d 表示整数占位，但 name1 为字符串，返回错误
Traceback (most recent call last):

File "<ipython-input-1-d3549f33c4f0>", line 2, in <module>
print("He said his name is %d."%name1)

TypeError: %d format: a number is required, not str

In [3]: "i am %(name)s age %(age)d" % {"name": "alex", "age": 18}  #以字典方式格式化
Out[3]: 'i am alex age 18'

In [4]: "percent %.2f" % 99.97623     #%.2f 表示浮点数小数点后保留两位有效数字
Out[4]: 'percent 99.98'

In [5]: "i am %(pp).2f" % {"pp": 123.425556 }
Out[5]: 'i am 123.43'

In [6]: "i am %(pp)+.2f %%" % {"pp": 123.425556,}     #两个%%表示输出一个%
Out[6]: 'i am +123.43 %'
```

6.4.2 format()格式化

Python 中 format( )函数用于字符串、数值等类型的格式化。format( )函数进行格式化非常灵活，不仅可以使用位置进行格式化，还支持使用关键字参数进行格式化。

（1）关键字格式化。

```
In [1]: print('{名字}今天{动作}'.format(名字='陈某某',动作='拍视频'))#关键字格式化
```

```
陈某某今天拍视频

In [2]: grade = {'name' : '陈某某', 'fenshu': '59'}
   ...: print('{name}电工考了{fenshu}'.format(**grade))
陈某某电工考了59
```

关键字格式化也可以用字典传入参数，在字典前加**即可。

（2）位置格式化。

```
In [3]: print('{1}今天{0}'.format('拍视频','陈某某'))      #通过位置格式化
陈某某今天拍视频

In [4]: print('{0}今天{1}'.format('陈某某','拍视频'))
陈某某今天拍视频
```

^、<、>分别表示居中、左对齐、右对齐，后面带宽度（默认单位为1个字符宽度）。

```
In [5]: print('{:^14}'.format('陈某某'))    #共占位14个字符宽度，陈某某居中
        陈某某

In [6]: print('{:>14}'.format('陈某某'))    #共占位14个字符宽度，陈某某右对齐
        陈某某

In [7]: print('{:<14}'.format('陈某某'))    #共占位14个字符宽度，陈某某左对齐
        陈某某

In [8]: print('{:*<14}'.format('陈某某'))  #共占位14个字符宽度，陈某某左对齐，以*填充
        陈某某***********

In [9]: print('{:&>14}'.format('陈某某'))  #共占位14个字符宽度，陈某某右对齐，以&填充
        &&&&&&&&&&&陈某某
```

填充和对齐时，一个汉字占位一个字符宽度。

（3）精度和f类型。

小数位数的精度常和f类型一起使用。

```
In [10]: print('{:.1f}'.format(4.234324525254))
4.2

In [11]: print('{:.4f}'.format(4.1))
4.1000
```

（4）进制转化。

进制之间相互转化，b、o、d、x分别表示二进制、八进制、十进制、十六进制。

```
In [12]: print('{:b}'.format(250))
11111010

In [13]: print('{:o}'.format(250))
372

In [14]: print('{:d}'.format(250))
250

In [15]: print('{:x}'.format(250))
fa
```

（5）千分位分隔符。

这种情况只针对数值型。

```
In [1]: print('{:,}'.format(100000000))
100,000,000

In [2]: print('{:,}'.format(235445.234235))
235,445.234235
```

6.4.3 f 格式化

微课视频

在普通字符串前添加 f 或 F 前缀，其效果类似于%和 format( )方式。

示例如下。

```
In [1]: name1 = "Fred"
   ...: print("He said his name is %s." %name1)
He said his name is Fred.

In [2]: print("He said his name is {name1}.".format(name1="yubg"))
He said his name is yubg.

In [3]: f"He said his name is {name1}."     #Python 3.6 及之后的版本才有的新功能
Out[3]: 'He said his name is Fred.'
```

本章实践

很多网站注册时需填写个人信息，部分信息还需要验证填写格式和内容是否正确，如手机号码、身份证号码、E-mail 地址等。请编写代码实现接收 E-mail 地址输入并进行验证。匹配规则如下。

```
^\w+([-+.]\w+)*@\w+([-.]\w+)*\.\w+([-.]\w+)*$
```

对于判断输入的身份证号码，可以将匹配规则替换为如下。

```
^([0-9]){7,18}(x|X)?$
```

或如下。

```
^\d{8,18}|[0-9x]{8,18}|[0-9X]{8,18}?$
```

输入的若是手机号码，匹配规则可替换为如下。

```
^(13[0-9]|14[5|7]|15[0|1|2|3|5|6|7|8|9]|18[0|1|2|3|5|6|7|8|9])\d{8}$
```

第7章 文件操作

本章知识点导图

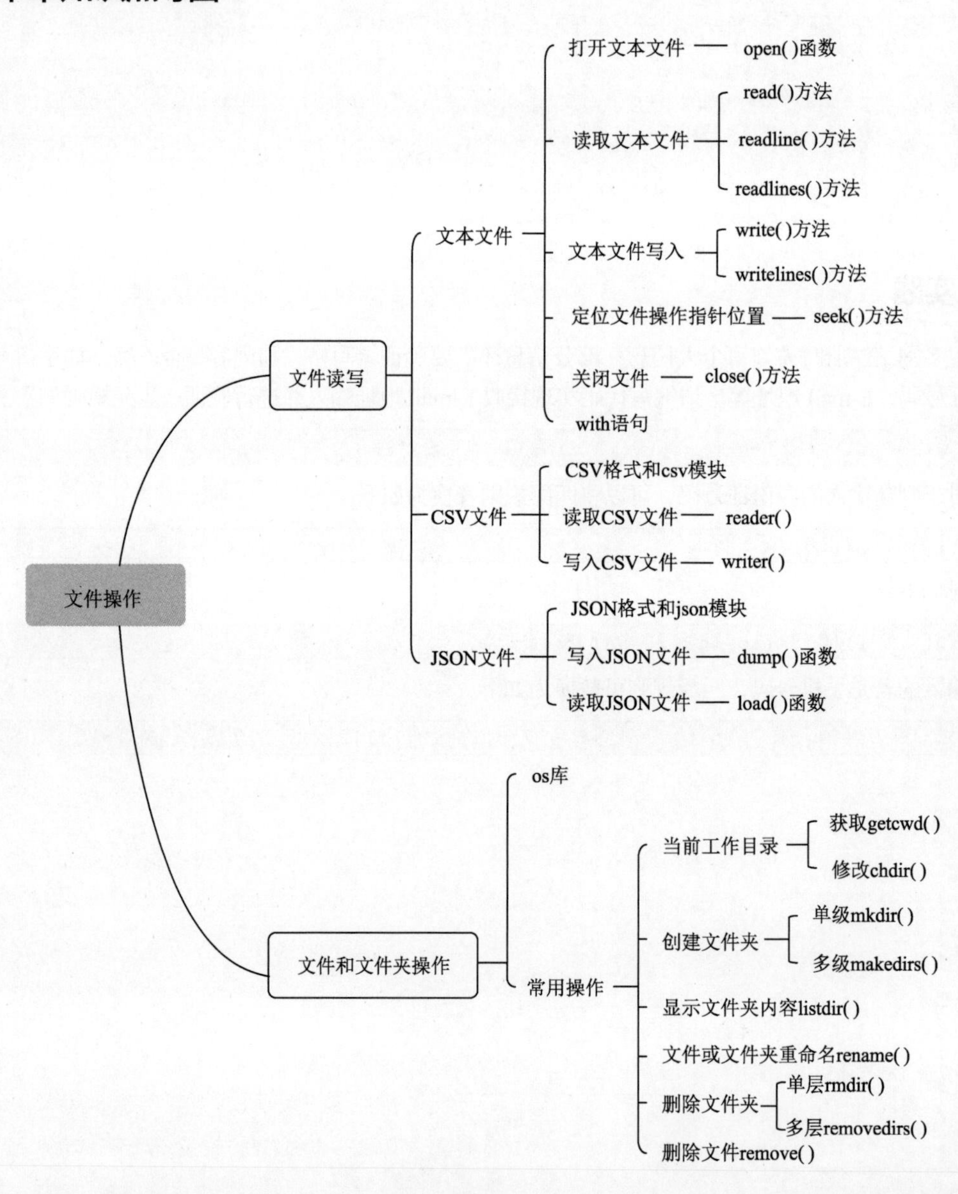

文件是计算机记录和保存数据的方式，操作和处理文件是程序设计、数据分析中很重要的部分。本章将介绍 Python 中文件操作的基本方法，主要包括文本文件、CSV 文件、JSON 文件的读写，以及文件管理的相关内容。

7.1 读写文本文件

对文本文件而言，Python 的基本操作步骤是先打开一个文件，生成一个文件对象；再利用各种方法操作这个文件对象；最后关闭文件，释放资源。下面介绍在这个过程中常用的函数和方法。

1．open( )函数

可以通过 Python 内置函数 open( )打开文件，并生成文件对象。open( )函数的基本格式如下。

```
open(<文件名>, <打开模式>, encoding)
```

其中，<文件名>指定要打开文件的名称或含有完整路径的文件名。<打开模式>用来控制打开文件的方式，默认值是'r'和't'，分别代表只读和文本文件模式。除此之外，还有'w'（覆盖写模式）、'a'（追加写模式）、'x'（创建写模式）、'b'（二进制文件模式）。'b'和't'可以和其他几种打开模式组合使用，例如，'rt'代表文本只读、'wb'代表二进制覆盖写等。encoding 指的是文件编码的类型。

例如，txtf1 = open('d:/height.txt', 'w')

指以覆盖写模式打开 height.txt 文件，并生成一个名为 txtf1 的文件对象。

2．close( )方法

当文件操作完毕后，一定要用 close( )方法将其关闭，释放其占用的系统资源。其基本格式如下。

```
<文件对象名>.close()
```

例如 txtf1.close( )的功能就是将 txtf1 这个文件对象关闭。

3．文件对象的常用操作方法

文件打开后，一般都是要进行读取和写入操作的，下面介绍几种较为常用的方法。需要说明的是，以下均以文本文件模式打开为例，以二进制文件模式打开的处理方法是类似的，此处不赘述。

（1）read( )方法

read( )方法可以读取文件中一定量的数据，并以字符串的形式返回。其基本格式如下。

```
<文件对象名>.read(<读取长度>)
```

其中，<读取长度>代表要读取的内容长度，如果省略则代表整个文件。

【例 7-1】读取文本文件。

文本文件内容如图 7-1 所示。

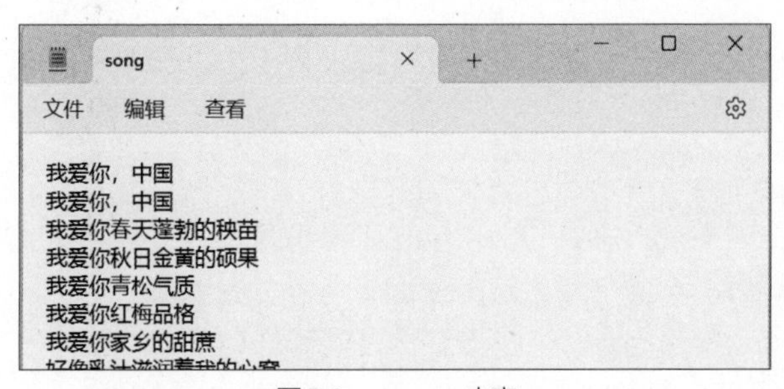

图 7-1　song.txt 内容

```
In [1]: f1 = open('song.txt', 'r', encoding = 'utf-8')
        txt = f1.read(25)
        print(txt)
        f1.close()
Out[1]:
我爱你，中国
我爱你，中国
我爱你春天蓬勃的秧苗
```

（2）readline( )方法

readline( )方法的功能是从文件中读取一行内容，并以字符串形式返回。其基本格式如下。

```
<文件对象名>.readline(<读取长度>)
```

其中，<读取长度>代表要读取的行中的内容长度，如果省略则代表整行。

【例 7-2】读取文本文件的行。

```
In [1]: f1 = open('song.txt', 'r', encoding = 'utf-8')
        txt = f1.readline()
        print(txt)
        f1.close()
Out[1]:
我爱你，中国
```

在执行 f1.close( )代码前，若多次执行 txt=f1.readline( )和 print(txt)两行代码，就可逐行获得每行的内容；而使用 for 循环可一次性遍历文件。

【例 7-3】遍历文件，并输出每行的长度。

```
In [1]: f1 = open('song.txt', 'r',encoding = 'utf-8')
        for line in f1:
            print(line)
        f1.close()
Out[1]:
我爱你，中国
我爱你，中国
我爱你春天蓬勃的秧苗
我爱你秋日金黄的硕果
我爱你青松气质
我爱你红梅品格
我爱你家乡的甜蔗
好像乳汁滋润着我的心窝
我爱你，中国
我爱你，中国
我要把最美的歌儿献给你
我的母亲，我的祖国
我爱你，中国
我爱你，中国
我爱你碧波滚滚的南海
我爱你白雪飘飘的北国
我爱你森林无边
我爱你群山巍峨
我爱你淙淙的小河
荡着清波从我的梦中流过
```

```
我爱你，中国
我爱你，中国
我要把美好的青春献给你
我的母亲，我的祖国
```

（3）readlines( )方法

readlines( )方法的功能是从文件中读取行，并以列表形式返回，列表的每个元素就是文件的一行。其基本格式如下。

```
<文件对象名>.readlines(<读取行数>)
```

其中，<读取行数>代表读取多少行，如果省略则代表所有行。

【例 7-4】读取文本文件的行，并以列表形式返回。

```
In [1]: f1 = open('song.txt', 'r', encoding = 'utf-8')
        listf1 = f1.readlines()
        print(listf1)
        f1.close()
Out[1]:
['我爱你，中国\n', '我爱你，中国\n', '我爱你春天蓬勃的秧苗\n', '我爱你秋日金黄的硕果\n', '我爱你青松气质\n', '我爱你红梅品格\n', '我爱你家乡的甜蔗\n', '好像乳汁滋润着我的心窝\n', '我爱你，中国\n', '我爱你，中国\n', '我要把最美的歌儿献给你\n', '我的母亲，我的祖国！\n', '我爱你，中国\n', '我爱你，中国\n', '我爱你碧波滚滚的南海\n', '我爱你白雪飘飘的北国\n', '我爱你森林无边\n', '我爱你群山巍峨\n', '我爱你淙淙的小河\n', '荡着清波从我的梦中流过\n', '我爱你，中国\n', '我爱你，中国\n', '我要把美好的青春献给你\n', '我的母亲，我的祖国！']
```

（4）write( )方法

write( )方法可以将指定字符串写入文件。

【例 7-5】创建一个文件，并将指定字符串写入。

```
In [1]: str1 = 'This is the appending text.'
        f1 = open('sample.txt', 'x')
        f1.write(str1)
        f1.close()
```

执行代码后会发现，在默认目录中会增加一个 sample.txt 文件，其内容正是 str1 字符串的内容。

（5）writelines( )方法

writelines( )方法可以将一个完全由字符串组成的列表写入文件。

【例 7-6】writelines( )方法。

```
In [1]: f1 = open('sample2.txt', 'w')
        list1 = ['众鸟高飞尽，',\
              '孤云独去闲。', \
              '相看两不厌，', \
              '只有敬亭山。']
        f1.writelines(list1)
        f1.close()
```

运行程序后，会在默认路径下新建一个 sample2.txt 文件，其内容如下。

```
众鸟高飞尽，孤云独去闲。相看两不厌，只有敬亭山。
```

（6）seek( )方法

seek( )方法可以用来定位当前文件操作的指针位置，其基本格式如下。

```
<文件对象名>.seek(<offset>, <whence>)
```

其中，<offset>表示从 whence 位置增加的量。<whence>表示参考位置，默认值为 0，即文件起始位置，1 代表当前位置，2 代表文件结尾。

【例 7-7】改变文件当前操作位置。

```
In [1]: f1 = open('sample.txt', 'r')
        f1.seek(8)              #定位到起始位置后的第 8 个字符
        str2 = f1.read(3)       #从定位到的位置开始读取 3 个字符
        print(str2)
        f1.close()
Out[1]: the
```

4．with 语句

在前面的例子中，每次文件操作完成后，都需要使用 close( )方法关闭文件以释放资源。其实，在文件操作中还可以使用 Python 提供的 with 关键字。这样做的好处是无需使用 close( )方法关闭文件，即使在文件处理中发生异常也可以。with 关键字的使用方法如例 7-8 所示。

【例 7-8】使用 with 关键字。

```
In [1]: with open('sample2.txt', 'r') as f2:
            str2 = f2.read()
        print(str2)
Out[1]: 众鸟高飞尽，孤云独去闲。相看两不厌，只有敬亭山。
```

7.2 读写 CSV 文件

CSV 文件是表格处理软件和数据库常见的导入导出格式，在数据分析中有着广泛的应用。CSV 文件的数据都是以文本形式存储的。CSV 是 Comma-Separated Values 的缩写，也就是说，此类文件一般使用英文半角逗号作为分隔符。文件中的每一行是一条记录，行与行之间用换行符分隔。在 Python 中，可以使用 csv 标准模块来读取和操作 CSV 文件。

1．打开和读取 CSV 文件

可以使用 open( )函数打开 CSV 文件，只是注意需要将 newline 参数设置为空字符串。在打开文件后，可以使用 csv 模块的 reader( )函数读取文件内容，其返回值是_csv.reader 对象。采用 for 循环遍历该对象，即可读取文件中的每一条记录，每条记录都是一个列表。

【例 7-9】打开和读取 CSV 文件。

```
In [1]: import csv
        with open('HW.csv', 'r', newline = '') as csvfile_1:
            rd = csv.reader(csvfile_1)
            for record in rd:
                print(record)
Out[1]:
['id', 'height', 'weight']
['1001', '172', '65']
['1002', '156', '50']
['1003', '183', '80']
```

2．写入 CSV 文件

可以使用 csv 模块的 writer( )函数返回_csv.writer 对象，再利用其 writerow( )方法将记录写入文件，如例 7-10 所示。如果想一次性写入多条记录，需要使用 writerows( )方法，如例 7-11 所示。

【例 7-10】向 CSV 文件写入两条记录。

```
In [1]: import csv
        str1 = ['1004', 165, 55]
        str2 = ['1005', 157, 75]
        with open('HW.csv', 'a', newline = '') as csvfile1:
            wt = csv.writer(csvfile1)
            wt.writerow(str1)
            wt.writerow(str2)
```

参数 newline 用于控制文件写入模式下的换行符处理，换行符可以是不同的字符，例如\n（LF，UNIX 风格）或\r\n（CRLF，Windows 风格）。具体说明如下。

- None：使用系统默认的换行符模式。
- ''：禁用换行符转换，保持原始换行符不变。
- '\n'：强制使用 LF（\n）作为换行符，无论当前操作系统是什么。

【例 7-11】向 CSV 文件一次写入多条记录。

```
In [1]: import csv
        str1 = [['1006', 135, 30], ['1007', 163, 45]]
        with open('HW.csv', 'a', newline = '') as csvfile1:
            wt = csv.writer(csvfile1)
            wt.writerows(str1)
```

7.3 读写 JSON 文件

JSON(JavaScript Object Notation) 是用 JavaScript 语法来描述数据结构的一种轻量级数据交换格式，易于阅读和编写，也易于机器解析和生成，且适用于不同的编程语言。JSON 格式主要包括数组和对象两种。

数组格式使用一对方括号（[]）包装，元素之间用逗号进行分隔，例如[35, 45, 21, 44]。数组格式在 Python 中被解析为列表。

对象格式使用一对花括号（{}）包装，每个对象成员由键值对表示，键和值用冒号（:）分隔，而对象成员之间则用逗号（,）分隔，示例如下。

```
{
   "id": ["1001","1002","1003","1004","1005"],
   "Chinese": [90,83,87,95,69],
   "Math": [99,70,89,97,85]
}
```

对象格式在 Python 中被解析为字典。

在 Python 中可以使用 json 标准模块来处理 JSON 文件。

1. 序列化

序列化（Serialization）是指将数据和对象转换成可存储或网络传输格式（一般为 JSON 或 XML 格式）的过程。在 Python 中，可以使用 json 标准模块中的 dumps( )方法对数据进行序列化，将其转换成 JSON 格式。其基本格式如下。

```
json.dumps(<对象>, sort_keys = False, indent = None)
```

其中，<对象>可以是 Python 的列表或字典类型。sort_keys 参数可以对字典数据按照 key 排序，默认不进行排序。indent 参数可以给序列化后的数据增加缩进。

【例 7-12】序列化。

```
In [1]: import json
        list1 = [1,3,'abc']
        dict1 = { 'score':[95, 84, 87] , 'id':['1001','1003','1002'] }
        json1 = json.dumps(list1)
        print(json1)
Out[1]: [1, 3, "abc"]

In [2]: json2 = json.dumps(dict1)
        print(json2)
Out[2]: {"score": [95, 84, 87], "id": ["1001", "1003", "1002"]}

In [3]: json3 = json.dumps(dict1, sort_keys = True, indent = 2)
        print(json3)
Out[3]:
{
  "id": [
    "1001",
    "1003",
    "1002"
  ],
  "score": [
    95,
    84,
    87
  ]
}
```

在例 7-12 中，先定义了一个 Python 的列表 list1 和字典 dict1，然后利用 dumps( )方法将其序列化，通过输出结果可以发现，相应的数据已经分别转换为 JSON 的数组和对象格式了。如果在 dumps( )方法里设置了 sort_keys 和 indent 参数，结果会进行排序和缩进，可读性更强。

注意：JSON 中的字符串一定是用双引号来表示的，而不用单引号。

dumps( )方法还有一个变体，即 dump( )方法。它也可以进行数据序列化，只不过会将结果输出到一个文件里，如例 7-13 所示。程序运行后，会将 dict1 字典数据序列化，并写入默认路径下的 serial.json 文件中。

【例 7-13】序列化到文件。

```
In [1]: import json
        dict1 = {'id':['1001','1002','1003'], 'score':[95, 87, 84]}
        with open('serial.json', 'x') as s:          # x为写模式
            json.dump(dict1, s, indent = 3)          #文件内容如图 7-2 所示
```

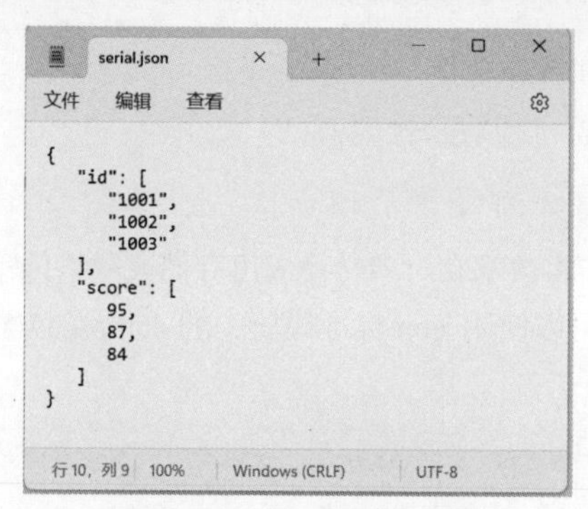

图 7-2　serial.json 文件的内容

2．反序列化

反序列化（Deserialization）是指将 JSON 或 XML 格式数据转换成 Python 数据类型的过程。可以使用 json 标准模块中的 loads( )方法进行反序列化，将 JSON 数据读取出来。其基本格式如下。

```
json 对象.loads(<JSON 格式的数据>)
```

【例 7-14】反序列化。

```
In [1]: import json
        dict_loads = json.loads(json2)
        dict_loads
Out[1]: {'id': ['1001', '1002', '1003'], 'score': [95, 87, 84]}
```

例 7-14 就是将例 7-12 中的 json2 这个 JSON 对象反序列化，转换成 Python 的字典，并存入 dict_loads 变量中。

loads( )方法也有一个变体，即 load( )方法，它可以从 JSON 文件里读取数据。

【例 7-15】从 JSON 文件读取数据。

```
In [1]: import json
        with open('serial.json', 'r') as s:
            deserial = json.load(s)
        print(deserial)
Out[1]: {'id': ['1001', '1002', '1003'], 'score': [95, 87, 84]}
```

例 7-15 就是将例 7-13 中生成的 serial.json 文件读取出来，转换为 Python 字典，并存入 deserial 变量。

7.4 操作文件和文件夹

Python 的 os 标准库是与操作系统交互的一个接口，其中包括资源管理、路径管理、命令行操作、流程管理、硬件环境参数获取等功能的可调用函数。

可以通过 import os 的方式导入 os 库。请不要使用“from os import *”这种方式导入 os 库，因为 os 库中包含一些与 Python 内置函数同名的函数（如 open( )函数），这种导入方式会造成混乱。

下面介绍 os 库中与资源管理相关的一些函数。

1．getcwd( )函数和 chdir( )函数

getcwd( )函数和 chdir( )函数的功能分别是返回、修改当前工作目录。如果修改的目录不存在，会返回 FileNotFoundError 错误。

【例 7-16】获取和修改当前工作目录。

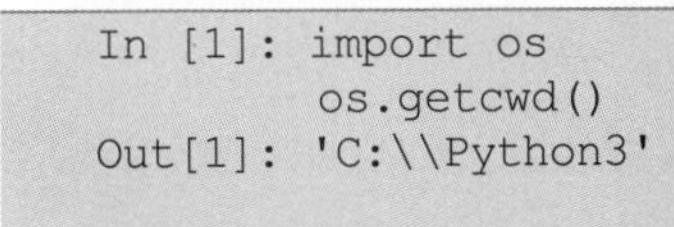

```
In [1]: import os
        os.getcwd()
Out[1]: 'C:\\Python3'

In [2]: os.chdir('d:\python39')
        os.getcwd()
Out[2]: 'd:\\python39'
```

2．mkdir( )函数和 makedirs( )函数

mkdir( )函数的功能是创建单级目录，可以采用相对路径或绝对路径，一般采用相对路径。如果当前目录已存在，会返回 FileExistsError 错误；如果给出的路径不存在，则返回 FileNotFoundError 错误。

mkdir( )函数只能创建一层目录，如果要创建多层目录，需要使用 makedirs( )函数。如果当前目录已存在，也会返回 FileExistsError 错误。如果将其 exist_ok 参数设置为 True，则会忽略这个错误。

【**例 7-17**】创建目录。

```
In [1]: import os
        os.mkdir('test')

In [2]: os.makedirs('level1\level2\leaf')
```

例 7-17 中的 In[1]就是在当前目录下创建一个名为 test 的文件夹，In[2]则是在当前目录下创建了一个 level1 文件夹，又在其中创建了 level2 子文件夹，再在其中创建了 leaf 子文件夹。

3．listdir( )

listdir( )函数的功能是以列表形式返回某个路径下所有文件夹和文件的名称，这对批量读取多个数据文件的任务非常有用。例 7-18 中的返回结果表示 D:\python39 这个路径下有 level1 和 test 两个文件夹和一个名为 sample.txt 的文件。

【**例 7-18**】返回目录内容列表。

```
In [1]: import os
        os.listdir('D:\python39')
Out[1]: ['level1', 'sample.txt', 'test']
```

4．rename( )

rename( )函数的功能是给文件或文件夹重命名。例 7-19 是将当前目录下的 sample.txt 文件重命名为 example.txt。如果新名字已经存在，会返回 FileExistsError 错误。

【**例 7-19**】文件重命名。

```
In [1]: import os
        os.rename('sample.txt', 'example.txt')
```

5．rmdir( )函数和 removedirs( )函数

rmdir( )函数的功能是仅删除单层目录，removedirs( )函数则可以删除多层目录。使用 rmdir( )和 removedirs( )函数前，请保证目录下是空的，否则返回 OSError 错误。假如当前路径下有一个 test 文件夹，则可以用例 7-20 中 In[1]的方法删除；如果当前路径下有 level1\level2\leaf 这样的 3 层目录，则可以用例 7-20 中 In[3]的方法删除。removedir( )函数会从子目录开始逐层删除，即先删除最里层的 leaf 文件夹，再删除中间的 level2 文件夹，最后删除最外层的 level1 文件夹。如果用 os.removedirs('level1')则不会删除，因为其下不空，如例 7-20 中的 In[2]所示。

【**例 7-20**】删除文件夹。

```
In [1]: import os
        os.rmdir('test')

In [2]: os.removedirs('level1')    #会报错

In [3]: os.removedirs('level1/level2/leaf')
```

6．remove( )函数

remove( )函数的功能是删除文件。如果当前目录中有一个名为 example.txt 的文件，则可以采用例 7-21 的方法删除。如果给出的参数是一个目录，会返回 IsADirectoryError 错误；如果文件不存在，则返回 FileNotFoundError 错误。

【例 7-21】删除文件。

```
In [1]: import os
        os.remove('example.txt')
```

本章实践

1. 将 D 盘下的所有文件夹及其下的文件以列表的形式展现，并将其保存在文本文件中，文本文件名设为 file。

2. 将 D 盘下的某个文件夹复制一份，重命名为“更名”，并将其下的所有文件重新以序号命名。

3. 打开 file.txt 文件并追加一行记录，将文件夹名“更名”添加进去。

第 8 章 数据处理

本章知识点导图

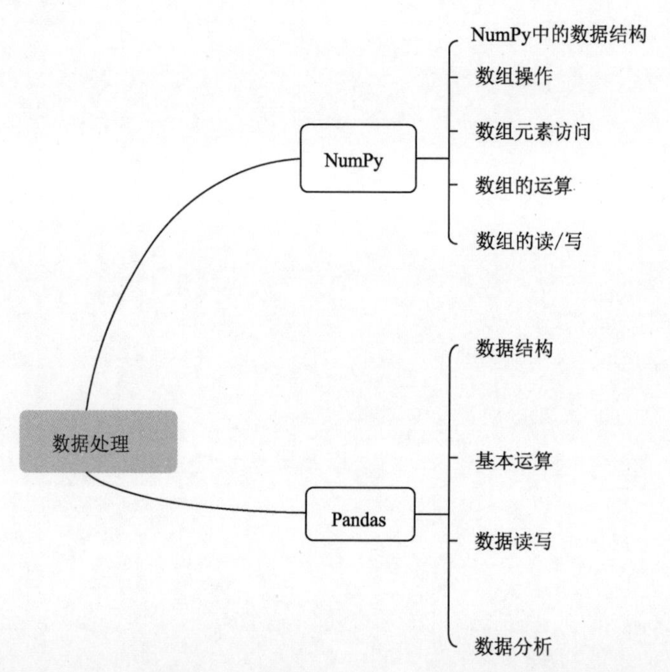

Python 因其强大的数据处理能力和丰富的第三方库，已成为目前大数据处理的主流语言之一。使用 Python 进行数据处理时，主要使用 NumPy（Numerical Python）和 Pandas 两个库。

8.1 NumPy

NumPy 是 Python 用于科学计算的第三方库，是数值计算的基础模块。NumPy 支持任意维度数组与矩阵运算，并且提供了大量对数组进行处理的函数。这些函数可以直接作用于 ndarray 对象的每一个元素，因此，使用 ndarray 对象的运算速度要比使用循环或者列表推导式快很多。Python 一些其他第三方库（如 Pandas、SciPy、TensorFlow 等）在一定程度上都依赖于 NumPy 库。

Anaconda 会默认安装一些基础库，其中包括 NumPy 和 Pandas 库。如果读者使用的环境还没有这两个库，可以使用 pip 或者 conda 命令安装。和其他第三方库一样，使用 NumPy 前，需进行导入操作，导入命令如下。

```
import numpy as np
```

注意：使用 np 作为 NumPy 的别名是一种约定俗成的做法。

8.1.1 NumPy 中的数据结构

NumPy 中数据的结构是由同类元素构成的多维数组 ndarray 来体现的，ndarray 对象是 NumPy 的核心对象。

1．创建 ndarray 对象

在 NumPy 中有多种创建 ndarray 对象的函数，常用的如表 8-1 所示。

表 8-1　创建数组的常用函数

函数	功能	参数说明
np.array(object,dtype)	从列表或元组创建数组	object：列表或元组。 dtype：数据类型（可选项）
np.arange(start,stop,step)	创建一个一维数组	start：起始值，可选项，默认为 0。 stop：终止值（不包含）。 step：步长，可选项，默认为 1
np.random.rand(shape)	随机产生一个元素值为[0,1)的随机数的数组	shape：数组形状
np.random.randn(shape)	随机产生一个元素值服从正态分布的随机数数组	shape：数组形状
np.random.randint(start,stop,shape)	随机产生一个元素值离散均匀分布的整数数组	start：起始值（包含）。 stop：终止值（不包含）。 shape：数组形状
np.random.uniform(start,stop,shape)	随机产生一个元素值服从均匀分布的浮点数数组	start：起始值（包含）。 stop：终止值（不包含）。 shape：数组形状
np.ones(shape,dtype)	创建全 1 数组	shape：数组形状。 dtype：数据类型（可选项）
np.zeros(shape,dtype)	创建全 0 数组	shape：数组形状。 dtype：数据类型（可选项）
np.full(shape,val)	创建全 val 的数组	shape：数组形状。 val：数组元素值
np.eye(shape)	创建对角线元素值为 1 的数组	shape：数组形状
np.linspace(start,stop, n)	创建一个一维等差数值序列数组	start：序列的起始值。 stop：序列的终止值。 n：数组元素个数
np.logspace(start, stop, n)	创建一个一维等比数值序列数组	start：序列的起始值。 stop：序列的终止值。 n：数组元素个数

表 8-1 中表示数组形状的 shape 参数，若只有 1 个数值，则为一维数组；若给出 2 个数值，则为二维数组，如(3,4)表示 3 行 4 列的数组；若给出 3 个数值，则为三维数组，依次类推。

【例 8-1】使用 array( )函数创建基于列表或元组的数组。

```
In [1]: import numpy as np
   ...: #通过列表创建数组
   ...: narr1 = np.array([[1,1,3,3],[5,5,7,7]],dtype='int32')
   ...: print(narr1)
Out[1]:
      [[1 1 3 3]
      [5 5 7 7]]

In [2]: list1 = [2,5,8,9]              #list1 为列表
   ...: narr2 = np.array(list1)        #通过列表 list1 创建数组
   ...: print(narr2)
Out[2]: [2 5 8 9]

In [3]: tup1 = (0,1,2)                 #tup1 为元组
   ...: narr3 = np.array(tup1)         #通过元组 tup1 创建数组
   ...: print(narr3)
Out[3]: [0 1 2]
```

在创建数组时，若没有指定数组的数据类型，NumPy 会根据数组中数据元素的值推断出合适的数据类型。例 8-1 中数组 narr2 和 narr3 的数据类型就由 NumPy 自动给定，如果想要指定数据类型，可以设置 dtype 参数，如例 8-1 中的 narr1 所示。

【例 8-2】使用 arange( )函数创建数组。

```
In [1]: import numpy as np
   ...: narr4 = np.arange(10)          #创建 0~10，步长值为 1 的数组
   ...: print(narr4)
Out[1]: [0 1 2 3 4 5 6 7 8 9]

In [2]: narr5 = np.arange(0,30,5)      #创建 0~30，步长值为 5 的数组
   ...: print(narr5)
Out[2]: [ 0 5 10 15 20 25]

In [3]: narr6 = np.arange(1,0,-0.1)    #创建 1~0，步长值为-0.1 的数组
   ...: print(narr6)
   ...:
Out[3]: [1.  0.9 0.8 0.7 0.6 0.5 0.4 0.3 0.2 0.1]
```

【例 8-3】使用 rand( )、randn( )、randint( )创建随机数数组。

```
In [1]: import numpy as np
   ...: #创建一个含有 5 个元素，元素值在[0,1)的随机数数组
   ...: narr7 = np.random.rand(5)
   ...: print(narr7)
Out[1]: [0.80374093 0.95294865 0.80704019 0.51963877 0.53502771]

In [2]: #创建一个 3 行 4 列，元素值在[0,1)的随机数数组
   ...: narr8 = np.random.rand(3,4)
   ...: print(narr8)
Out[2]:
     [[0.61496173 0.63365424 0.43845896 0.80496434]
      [0.51630472 0.74687972 0.65938455 0.83538114]
      [0.93574732 0.61306829 0.53473839 0.04683839]]
```

```
In [3]: #创建一个 3 行 4 列，以 0 为中心服从正态分布的随机数数组
   ...: narr9 = np.random.randn(3,4)
   ...: print(narr9)
Out[3]:
        [[ 0.79228673 -0.85564679  0.47279818 -0.86681903]
         [-1.48028648 -1.4320685  -0.67582317  0.23042511]
         [ 0.48565395 -0.4214687  -1.22169452  1.00838503]]

In [4]: #创建一个 3 行 5 列，元素值在[0,10)的随机整数数组
   ...: narr10 = np.random.randint(0,10,(3,5))
   ...: print(narr10)
Out[4]:
        [[3 6 6 2 8]
         [1 6 4 3 8]
         [8 5 1 5 0]]
```

使用 rand( )、randn( )创建数组，如果只给出了一个参数，则创建一维数组。

【例 8-4】使用 ones( )、zeros( )、full( )、eye( )函数分别创建全 1、全 0、元素值全相同的数组，以及对角线元素值为 1 的数组。

```
In [1]: import numpy as np
   ...: narr11 = np.ones((5))              #创建一个 1 行 5 列的全 1 数组
   ...: print(narr11)
Out[1]: [1. 1. 1. 1. 1.]

In [2]: narr12 = np.zeros((3,5))           #创建一个 3 行 5 列的全 0 数组
   ...: print(narr12)
Out[2]:
       [[0. 0. 0. 0. 0.]
        [0. 0. 0. 0. 0.]
        [0. 0. 0. 0. 0.]]

In [3]: narr13 = np.full((3,5),8)          #创建一个 3 行 5 列、元素值均为 8 的数组
   ...: print(narr13)
Out[3]:
       [[8 8 8 8 8]
        [8 8 8 8 8]
        [8 8 8 8 8]]

In [4]: narr14 = np.eye(5,10)
   ...: print(narr14)                      #创建一个 5 行 10 列、对角线元素值为 1 的数组
Out[4]:
       [[1. 0. 0. 0. 0. 0. 0. 0. 0. 0.]
        [0. 1. 0. 0. 0. 0. 0. 0. 0. 0.]
        [0. 0. 1. 0. 0. 0. 0. 0. 0. 0.]
        [0. 0. 0. 1. 0. 0. 0. 0. 0. 0.]
        [0. 0. 0. 0. 1. 0. 0. 0. 0. 0.]]
```

2．ndarray 对象的属性

ndarray 对象有 6 个常用属性，如表 8-2 所示。创建数组后，可以查看其属性的值。

表 8-2　ndarray 对象的常用属性

属性	说明
ndarray.ndim	获取数组轴的个数，也就是数组的秩
ndarray.shape	获取数组的维度，返回一个表示数组形状的元组
ndarray.size	获取数组元素的个数

续表

属性	说明
ndarray.dtype	获取数组元素的数据类型
ndarray.itemsize	获取数组中每个元素的大小，以字节为单位
ndarray.T	获取数组的转置

【例 8-5】创建一个数组，查看数组的属性。

```
In [1]: import numpy as np
   ...: arr1 = np.random.randint(0,10,(3,5))  #创建一个 3 行 5 列的二维数组
   ...: print("数组为\n",arr1)
Out[1]: 数组为
      [[5 4 3 3 8]
       [9 3 3 9 8]
       [9 1 1 4 0]]

In [2]: print("数组的维度：",arr1.ndim)
Out[2]: 数组的维度： 2

In [3]: print("数组的形状：",arr1.shape)
Out[3]: 数组的形状： (3, 5)

In [4]: print("数组的元素个数：",arr1.size)
Out[4]: 数组的元素个数： 15

In [5]: print("数组的数据类型：",arr1.dtype)
Out[5]: 数组的数据类型： int32

In [6]: print("数组的转置：\n",arr1.T)
Out[6]: 数组的转置：
      [[5 9 9]
       [4 3 1]
       [3 3 1]
       [3 9 4]
       [8 8 0]]
```

8.1.2 数组操作

数组的操作比较多，如数组变换、数组元素数据类型的转换、数组的拼接、数组的分割、数组的排序等。

1．数组变换

创建数组后，可根据需求改变数组的形态，如改变形状、转置、展平等。表 8-3 列出了常用的数组变换方法，可通过“对象名.方法名()”的方式调用。

表 8-3　常用的数组变换方法

函数	说明
ndarray.reshape(m,n)	将原始数组变换为 m 行 n 列，不影响原始数组
ndarray.resize(m,n)	直接将原始数组形状修改为 m 行 n 列
ndarray.flatten( )	不改变原始数组，返回将原始数组展平成一维数组的副本

续表

函数	说明
ndarray.ravel( )	将原始数组展平成一维数组，不改变原始数组，只返回原始数组的视图
ndarray.transpose( )	数组转置，将数组的行变成列

使用 reshape( )方法改变数组形状，不会修改原始数组，而使用 resize( )方法会直接对原始数组进行修改。对于 reshape( )和 resize( )方法，若将参数 m 和 n 其中一个设置为-1，则表示数组的维度通过数组元素的个数自动计算。

【例 8-6】使用 reshape( )和 resize( )方法改变数组形状。

```
In [1]: import numpy as np
   ...: narr1 = np.arange(12)
   ...: print("原始数组: ",narr1)
Out[1]: 原始数组: [ 0  1  2  3  4  5  6  7  8  9 10 11]

In [2]: narr2 = narr1.reshape(3,4)
   ...: print(narr2)
Out[2]:
      [[ 0  1  2  3]
       [ 4  5  6  7]
       [ 8  9 10 11]]

In [3]: narr3 = narr1.reshape(2,-1)
   ...: print(narr3)

Out[3]:
      [[ 0  1  2  3  4  5]
       [ 6  7  8  9 10 11]]

In [4]: print(narr1)
Out[4]: [ 0  1  2  3  4  5  6  7  8  9 10 11]

In [5]: narr1.resize(3,4)
   ...: print(narr1)
Out[5]:
      [[ 0  1  2  3]
       [ 4  5  6  7]
       [ 8  9 10 11]]
```

使用 flatten( )和 ravel( )方法展开数组均不会修改原始数组，同时还可以用 order 参数指定展开的顺序。order 参数的取值为'C'、'F'、'A'、'K'中的任意一个，分别表示按行、按列、按原顺序、按内存中出现的顺序，默认值为'C'。

【例 8-7】使用 flatten( )和 ravel( )方法展开数组。

```
In [1]: import numpy as np
   ...: narr1 = np.arange(9).reshape(3,3)
   ...: print("原始数组: \n",narr1)
Out[1]:原始数组:
     [[0 1 2]
      [3 4 5]
      [6 7 8]]

In [2]: print(narr1.flatten())
Out[2]: [0 1 2 3 4 5 6 7 8]

In [3]: print(narr1.ravel())
```

```
Out[3]: [0 1 2 3 4 5 6 7 8]

In [4]: print(narr1.flatten(order = 'C'))
Out[4]: [0 1 2 3 4 5 6 7 8]

In [5]: print(narr1.flatten(order = 'F')
Out[5]: [0 3 6 1 4 7 2 5 8]

In [6]: print(narr1)
Out[6]: [[0 1 2]
         [3 4 5]
         [6 7 8]]
```

【例 8-8】使用 transpose( )方法将数组转置。

```
In [1]: import numpy as np
   ...: narr1 = np.random.randint(0,10,(2,3))
   ...: print("原始数组：\n",narr1)
Out[1]:原始数组：
      [[2 1 6]
       [0 6 4]]

In [2]: print("转置后的数组：\n",narr1.transpose())
Out[2]:转置后的数组：
      [[2 0]
       [1 6]
       [6 4]]
```

此外通过数组的 T 属性也可以进行数组转置。

2．数组元素数据类型的转换

虽然 ndarray 对象要求所有元素的数据类型必须相同，但在需要时也可以通过 astype( )方法对数组中元素的数据类型进行转换。需要注意的是，如果将浮点数转换为整数，则小数部分会被截断。

【例 8-9】创建一个元素全为字符串的数组，先将其转换为浮点数，再转换为整数。

```
In [1]: import numpy as np
   ...: a = np.array(['1.1', '3.2', '3.8', '2.3', '9.8', '7.6'])
   ...: a.dtype                        #查看数组 a 的数据类型
Out[1]: dtype('<U3')

In [2]: b = a.astype(float)            #将数组 a 的数据类型转换为浮点数
   ...: b.dtype                        #查看数组 b 的数据类型
Out[2]: dtype('float64')

In [3]: b
Out[3]: array([1.1, 3.2, 3.8, 2.3, 9.8, 7.6])

In [4]: c = b.astype(int)              #将数组 b 的数据类型转换为整数
   ...: c.dtype                        #查看数组 c 的数据类型
Out[4]: dtype('int32')

In [5]: c
Out[5]: array([1, 3, 3, 2, 9, 7])
```

3．数组的拼接

NumPy 中使用 vstack( )和 hstack( )函数实现两个数组的拼接；使用 concatenate( )函数实现一次对多个数组的拼接。其基本使用方法如下。

- np.vstack((a,b))：将数组 a 和 b 垂直拼接，要求两个数组的列数一致。
- np.hstack((a,b))：将数组 a 和 b 水平拼接，要求两个数组的行数一致。
- np.concatenate((a1,a2,…),axis)：将 a1、a2 等多个数组进行拼接，当 axis=0 时垂直拼接（默认），当 axis=1 时水平拼接。

【例 8-10】数组拼接

```
In [1]: import numpy as np
   ...: a = np.full((2,3),1)
   ...: b = np.full((2,3),2)
   ...: c = np.full((2,3),3)
   ...: print(np.hstack((a,b)))    #将数组a、b水平拼接
Out[1]:
      [[1 1 1 2 2 2]
       [1 1 1 2 2 2]]

In [2]: print(np.vstack((a,b)))    #将数组a、b垂直拼接
Out[2]:
      [[1 1 1]
       [1 1 1]
       [2 2 2]
       [2 2 2]]

In [3]: print(np.concatenate((a,b,c),axis=1))    #将数组a、b、c水平拼接
Out[3]:
      [[1 1 1 2 2 2 3 3 3]
       [1 1 1 2 2 2 3 3 3]]
```

4．数组的分割

NumPy 中使用 vsplit( )、hsplit( )和 split( )函数分别实现数组水平、垂直和指定方向的分割。其基本使用方法如下。

- np.vsplit ((a,v))：将数组 a 在水平方向分割成 v 等份。
- np.hsplit ((a,v))：将数组 a 在垂直方向分割成 v 等份。
- np.split (a,v,axis)：若 v 为整数，则将数组 a 平均分割成 v 等份；若 v 为数组，则数组中的元素值为分割位置；当 axis=0 时按水平方向分割（默认），当 axis=1 时按垂直方向分割。

【例 8-11】数组的分割。

```
In [1]: import numpy as np
   ...: a = np.array([[1,2,3,4],[1,2,3,4],[1,2,3,4]])
   ...: print("原始数组：\n",a)
Out[1]: 原始数组：
      [[1 2 3 4]
       [1 2 3 4]
       [1 2 3 4]]

In [2]: print(np.vsplit(a,3))      #将数组a在水平方向3等份
Out[2]:
      [array([[1, 2, 3, 4]]), array([[1, 2, 3, 4]]), array([[1, 2, 3, 4]])]

In [3]: print(np.hsplit(a,2))     #将数组a在垂直方向2等份
Out[3]:
       [array([[1, 2],
               [1, 2],
               [1, 2]]), array([[3, 4],
               [3, 4],
```

```
                [3, 4]])]

In [4]: print(np.split(a,[1,3],axis = 1)) #将数组 a 按垂直方向指定的位置分割
Out[4]:
        [array([[1],
                [1],
                [1]]), array([[2, 3],
                [2, 3],
                [2, 3]]), array([[4],
                [4],
                [4]])]
```

5．数组的排序

在 NumPy 中，可以使用 sort( )函数和 sort( )方法对 ndarray 对象进行按行或者按列排序，还可以使用 argsort( )函数获得数组元素排序后的索引。其基本使用方法如下。

- np.sort(a,axis)：对数组 a 按行或者列排序，生成一个新的数组。当 axis=1 时，按行排序；当 axis=0 时，按列排序。
- a.sort(axis)：对数组 a 使用 sort( )方法进行排序，因为 sort( )方法是直接作用在 ndarray 对象上的，所以会改变原始数组。
- np.argsort(a)：返回对数组 a 进行排序后元素的索引。

【**例 8-12**】对数组进行排序。

```
In [1]: import numpy as np
   ...: narr1 = np.array([[1,4,3,2],[11,10,9,12],[7,6,5,8]])
   ...: np.sort(narr1,axis = 1)  #使用 sort()函数对数组按行进行排序，原始数组不发生改变
Out[1]:
      array([[ 1,  2,  3,  4],
             [ 9, 10, 11, 12],
             [ 5,  6,  7,  8]])

In [2]: narr1                        #数组 narr1 没有被改变
Out[2]:
      array([[ 1,  4,  3,  2],
             [11, 10,  9, 12],
             [ 7,  6,  5,  8]])

In [3]: narr1.sort(axis = 0)         #使用 sort()方法对数组按列进行排序，直接在原始数组上修改
   ...: narr1
Out[3]:
      array([[ 1,  4,  3,  2],
             [ 7,  6,  5,  8],
             [11, 10,  9, 12]])

In [4]: np.argsort(narr1)            #返回对数组 narr1 进行排序后元素的索引
Out[4]:
      array([[0, 3, 2, 1],
             [2, 1, 0, 3],
             [2, 1, 0, 3]], dtype=int64)
```

8.1.3 数组元素访问

数组类似于列表，数组中的元素可以通过索引和切片进行访问和修改，也可以进行条件筛选。

1. 索引

数组索引用于获取数组中的某个元素，每个维度一个索引值，用逗号分隔。数组索引分为正向索引和反向索引，正向索引的值从 0 开始，从左往右递增；反向索引的值从-1 开始，从右往左递减。这与 Python 的列表是相同的。

【例 8-13】通过索引访问一维数组元素。

```
In [1]: import numpy as np
   ...: narr1 = np.arange(6)
   ...: narr1
Out[1]: array([0, 1, 2, 3, 4, 5])

In [2]: narr1[2]            #访问一维数组 narr1 中索引为 2 的元素
Out[2]: 2

In [3]: narr1[-2]           #访问一维数组 narr1 中索引为-2 的元素
Out[3]: 4
```

【例 8-14】通过索引访问二维数组元素。

```
In [1]: import numpy as np
   ...: narr2 = np.arange(12).reshape(3,4)
   ...: narr2
Out[1]:
        array([[ 0,  1,  2,  3],
               [ 4,  5,  6,  7],
               [ 8,  9, 10, 11]])

In [2]: narr2[1,3]           #访问二维数组 narr2 中索引为[1,3]的元素
Out[2]: 7

In [3]: narr2[-1,-2]         #访问二维数组 narr2 中索引为[-1,-2]的元素
Out[3]: 10
```

2. 切片

一维数组的切片类似列表的切片；多维数组的切片根据轴的方向，每个维度一个切片值，中间用逗号分隔。

【例 8-15】通过切片访问一维数组元素。

```
In [1]: import numpy as np
   ...: a = np.arange(10)
   ...: a
Out[1]: array([0, 1, 2, 3, 4, 5, 6, 7, 8, 9])

In [2]: a[1:4]               #访问数组 a 索引为 1～3 的元素
Out[2]: array([1, 2, 3])

In [3]: a[4:]                #访问数组 a 索引为 4 的元素及之后的所有元素
Out[3]: array([4, 5, 6, 7, 8, 9])

In [4]: a[0:8:2]             #访问数组 a 索引为 0～7，以 2 为步长的元素
Out[4]: array([0, 2, 4, 6])

In [5]: a[::-1]              #从数组 a 最后一个元素依次往前访问数组的所有元素
Out[5]: array([9, 8, 7, 6, 5, 4, 3, 2, 1, 0])
```

【例 8-16】通过切片访问二维数组元素。

```
In [1]: import numpy as np
   ...: b = np.array([[9,5,9,6],[9,8,7,1],[3,6,9,12]])
   ...: b
Out[1]:
        array([[ 9,  5,  9,  6],
               [ 9,  8,  7,  1],
               [ 3,  6,  9, 12]])

In [2]: b[:,2]                #访问数组 b 所有行的列索引为 2 的元素
Out[2]: array([9, 7, 9])

In [3]: b[:,[0,2,3]]          #访问数组 b 所有行的列索引为 0、2、3 的元素
Out[3]:
        array([[ 9,  9,  6],
               [ 9,  7,  1],
               [ 3,  9, 12]])
In [4]: b[:,1:3]              #访问数组 b 所有行的列索引为 1～2 的元素
Out[4]:
        array([[5, 9],
               [8, 7],
               [6, 9]])

In [5]: b[:]                  #访问数组 b 所有行的所有列，也就是数组的所有元素
Out[5]:
        array([[ 9,  5,  9,  6],
               [ 9,  8,  7,  1],
               [ 3,  6,  9, 12]])
```

3．条件筛选

对数组元素进行筛选可以通过条件表达式和 where( )函数实现。

（1）使用条件表达式筛选

【例 8-17】创建取值范围在 32 到 56 的随机整数数组，表示 12 岁男孩体重（单位为 kg），分别筛选出其中体重低于 35kg 的数组元素和体重在 40～50kg 的数组元素。

```
In [1]: import numpy as np
   ...: w = np.random.randint(32,55,(3,5))
   ...: w
Out[1]:
        array([[43, 45, 34, 34, 40],
               [47, 43, 40, 32, 42],
               [44, 40, 36, 49, 36]])

In [2]: w < 35                           #获得体重低于 35kg 的布尔数组
Out[2]:
        array([[False, False,  True,  True, False],
               [False, False, False,  True, False],
               [False, False, False, False, False]])

In [3]: w[w<35]                          #筛选出体重低于 35kg 的数组元素
Out[3]: array([34, 34, 32])

In [4]: cond = (w>=40) & (w<=50)  #获得体重在 40～50kg 的布尔数组
   ...: cond
Out[4]:
        array([[ True,  True, False, False,  True],
               [ True,  True,  True, False,  True],
```

```
                 [ True,  True, False,  True, False]])

In [5]: w[cond]              #筛选出体重在 40~50kg 的数组元素
Out[5]: array([43, 45, 40, 47, 43, 40, 42, 44, 40, 49])
```

（2）使用 where( )函数筛选

在 NumPy 中可以使用 where( )函数返回数组中满足给定条件的元素的索引，其基本格式如下。

```
np.where(condition)
```

condition 为筛选条件。返回结果以元组的形式给出，原数组有多少维，输出的元组中就包含多少个数组，分别对应符合条件元素的各维度索引。

【例 8-18】使用 where( )函数筛选例 8-17 中体重在 40~50kg 的数组元素。

```
In [1]: #获得满足体重在 40~50kg 的数组元素的索引
   ...: idx = np.where((w>=40)&(w<=50))
   ...: idx
Out[1]:
     (array([0, 0, 0, 1, 1, 1, 1, 2, 2, 2], dtype=int64),
      array([0, 1, 4, 0, 1, 2, 4, 0, 1, 3], dtype=int64))

In [2]: #根据数组元素的索引，筛选出体重在 40~50kg 的数组元素
 ...: w[idx]
Out[2]: array([43, 45, 40, 47, 43, 40, 42, 44, 40, 49])
```

8.1.4 数组的运算

数组的运算包括数组间的算术运算、广播机制、对数学函数的应用，以及统计运算等。

1．算术运算

数组的算术运算表示对数组的每个元素分别进行算术运算，结果为形状相同的数组。ndarray 对象支持的算术运算有加(+)、减(−)、乘(*，包括**)、除(/)，进行运算的两个数组必须形状相同。

【例 8-19】创建两个相同形状的数组，并对数组进行算术运算。

```
In [1]: import numpy as np
   ...: a = np.random.randint(0,10,(3,4))      #创建一个 3 行 4 列的随机整数数组 a
   ...: a
Out[1]:
    array([[6, 9, 5, 6],
           [8, 0, 9, 8],
           [4, 3, 4, 4]])

In [2]: b = np.random.randint(0,10,(3,4)) #创建一个 3 行 4 列的随机整数数组 b
   ...: b
Out[2]:
    array([[7, 4, 4, 5],
           [3, 3, 5, 5],
           [5, 4, 1, 6]])

In [3]: a + b           #数组 a、b 相加
Out[3]:
    array([[13, 13,  9, 11],
           [11,  3, 14, 13],
           [ 9,  7,  5, 10]])

In [4]: a * b           #数组 a、b 相乘
```

```
Out[4]:
        array([[42, 36, 20, 30],
               [24,  0, 45, 40],
               [20, 12,  4, 24]])

In [5]: a / b         #数组a、b相除
Out[5]:
        array([[0.85714286, 2.25      , 1.25      , 1.2       ],
               [2.66666667, 0.        , 1.8       , 1.6       ],
               [0.8       , 0.75      , 4.        , 0.66666667]])
```

2．广播机制

广播（Broadcast）是在 NumPy 中对不同形状的数组进行数值计算的方式。当两个不同形状的数组进行算术运算时，就会自动触发广播机制。广播机制的规则有以下几点。

（1）参与运算的数组都向其中形状最长的数组看齐，形状长度不够则补齐。

（2）运算结果数组的形状是参与运算数组形状的各维度上的最大值。

（3）若参与运算的数组的某个维度和运算结果数组的对应维度的长度相等或者长度为 1，则该数组能够用来计算，否则报错。

（4）当参与运算的数组的某个维度的长度为 1，沿着此维度运算时，都用该维度上的第一组元素。

【例 8-20】创建两个不同形状的数组，利用 NumPy 的广播机制进行算术运算。

```
In [1]: import numpy as np
   ...: a = np.array([10,10,10])
   ...: print("数组a: ",a)
Out[1]:数组a:  [10 10 10]

In [2]: b = np.array([[1,2,3],[4,5,6],[7,8,9]])
   ...: print("数组b: \n",b)
Out[2]: 数组b:
      [[1 2 3]
       [4 5 6]
       [7 8 9]]

In [3]: print("a*b 的结果为\n",a*b)
Out[3]:a*b 的结果为
      [[10 20 30]
       [40 50 60]
       [70 80 90]]
```

3．数学函数

NumPy 中提供了一系列数学函数，常用的数学函数如表 8-4 所示。

表 8-4　NumPy 中常用的数学函数

函数	说明
np.abs(a), np.fabs(a)	计算 a 中各元素的绝对值
np.sqrt(a)	计算 a 中各元素的平方根
np.square(a)	计算 a 中各元素的平方
np.sign(a)	计算 a 中各元素的符号值
np.exp(a)	计算 a 中各元素的指数值
np.ceil(a)	计算大于或等于 a 中各元素的最小整数，即向上取整

续表

函数	说明
np.floor(a)	计算小于或等于 a 中各元素的最大整数，即向下取整
np.rint(a)	对 a 中各元素四舍五入，取整数
np.round(a,n)	对 a 中各元素四舍五入，保留 n 位小数
np.equal(a,b)	比较两个数组 a、b 对应的元素是否相等，返回布尔型数组
np.not_equal(a,b)	比较两个数组 a、b 对应的元素是否不相等，返回布尔型数组
np.log(a),np.log10(a), np.log2(a)	分别用于计算 a 中各元素的自然对数、以 10 为底的对数、以 2 为底的对数
np.cos(a),np.sin(a), np.tan(a)	计算 a 中各元素的三角函数值

【例 8-21】NumPy 中常用数学函数的使用。

```
In [1]: import numpy as np
   ...: a = np.arange(9).reshape(3,3)      #创建 3 行 3 列的数组 a
   ...: a
Out[1]:
     array([[0, 1, 2],
            [3, 4, 5],
            [6, 7, 8]])

In [2]: b = np.sqrt(a)          #对数组 a 中的每个元素计算平方根
   ...: b
Out[2]:
     array([[0.        , 1.        , 1.41421356],
            [1.73205081, 2.        , 2.23606798],
            [2.44948974, 2.64575131, 2.82842712]])

In [3]: b1 = np.round(b,2)      #对数组 b 中的每个元素四舍五入，保留 2 位小数
   ...: b1
Out[3]:
     array([[0.  , 1.  , 1.41],
            [1.73, 2.  , 2.24],
            [2.45, 2.65, 2.83]])

In [4]: b2 = np.ceil(b)         #对数组 b 中的每个元素向上取整
   ...: b2
Out[4]:
     array([[0., 1., 2.],
            [2., 2., 3.],
            [3., 3., 3.]])
In [5]: np.equal(b1,b2)         #判断 b1、b2 两个数组对应的元素是否相等
Out[5]:
     array([[ True,  True, False],
            [False,  True, False],
            [False, False, False]])
```

4．统计运算

NumPy 可以对大规模数组进行数据处理，也提供了很多统计函数，常用的统计函数如表 8-5 所示。

表 8-5 NumPy 中常用的统计函数

函数	说明
np.sum(a,axis)	计算数组 a 中元素的和
np.mean(a,axis)	计算数组 a 中元素的均值
np.max(a,axis)	计算数组 a 中元素的最大值
np.min(a,axis)	计算数组 a 中元素的最小值
np.argmax(a,axis)	计算数组 a 中元素的最大值的索引
np.argmin(a,axis)	计算数组 a 中元素的最小值的索引
np.std(a,axis)	计算数组 a 中元素的标准差
np.var(a,axis)	计算数组 a 中元素的方差
np.cov(a)	计算数组 a 中元素的协方差
np.cumsum(a,axis)	计算数组 a 中元素的累加值
np.cumprod(a,axis)	计算数组 a 中元素的累乘值

需要注意的是，统计的范围可以是数组整体，也可以按行或列进行，这主要由 axis 参数决定。当 axis=1 时，表示按行进行统计运算；当 axis=0 时，表示按列进行统计运算；当不设置 axis 的值时，表示对数组中所有元素进行统计运算。

【例 8-22】表 8-6 中列出了 6 岁、8 岁、12 岁和 14 岁各年龄段 10 位男孩的身高。根据表中数据创建数组，并进行统计运算。

表 8-6 不同年龄段男孩的身高 单位：cm

年龄/岁	编号									
	01	02	03	04	05	06	07	08	09	10
6	129.7	106.9	131	106.5	114.4	117	107.7	111.9	111.5	130.4
8	133.1	121.6	131.4	123.5	133.6	131.7	121.1	128.7	120	131.6
12	155.7	153.6	157.7	147.2	150.9	151.9	155.6	154.8	147.3	151.9
14	171.3	164.1	163.6	168.5	170.3	161.5	164	160.4	160.4	165.2

```
In [1]: import numpy as np
   ...: w = np.array([[129.7, 106.9, 131. ,106.5, 114.4, 117. ,107.7, 111.9,111.5, 130.4],
   ...:        [133.1, 121.6, 131.4, 123.5, 133.6, 131.7, 121.1, 128.7, 120. , 131.6],
   ...:        [155.7, 153.6, 157.7, 147.2, 150.9, 151.9, 155.6, 154.8, 147.3, 151.9],
   ...:        [171.3, 164.1, 163.6, 168.5, 170.3, 161.5, 164. , 160.4, 160.4,165.2] ])
   ...: np.mean(w)                    #计算所有身高的平均值
Out[1]: 140.47999999999996

In [2]: np.mean(w,axis = 1)          #按行分别计算不同年龄段身高的平均值
Out[2]: array([116.7 , 127.63, 152.66, 164.93])

In [3]: np.max(w,axis = 1)           #按行分别计算不同年龄段身高的最大值
Out[3]: array([131. , 133.6, 157.7, 171.3])

In [4]: np.argmax(w,axis = 1)        #按行分别查找不同年龄段身高的最大值的索引
Out[4]: array([2, 4, 2, 0], dtype=int64)

In [5]: np.min(w,axis = 1)           #按行分别计算不同年龄段身高的最小值
```

```
Out[5]: array([106.5, 120. , 147.2, 160.4])

In [6]: np.argmin(w,axis = 1)      #按行分别查找不同年龄段身高的最小值的索引
Out[6]: array([3, 8, 3, 7], dtype=int64)

In [7]: np.std(w)                  #计算所有身高的标准差
Out[7]: 20.113928010212227

In [8]: np.std(w,axis = 1)         #按行分别计算不同年龄段身高的标准差
Out[8]: array([9.47480871, 5.17224323, 3.33982035, 3.71969085])
```

8.1.5 数组的读/写

NumPy 支持以多种文件格式存取数组数据，下面主要介绍 NPY 文件和文本文件两种类型的读/写。

1．读/写 NPY 文件

默认情况下，数组以未压缩的原始二进制格式保存在扩展名为.npy 的文件中，如果文件路径末尾没有加.npy 这个扩展名，系统会自动添加。NPY 文件是专门用于存储和重建 ndarray 对象的数据、图形、dtype 和其他信息，以便正确获取数组的内容。读写 NPY 文件主要使用 np.save( )和 np.load( )函数，np.save( )以二进制格式保存数据，np.load( )从二进制文件中读取数据。

（1）np.save( )的基本格式如下。

```
np.save("filename.npy",ndarray)
```

参数说明如下。

- filename.npy：要存储的文件名或文件路径，可省略文件扩展名，需要指定文件保存的路径，如果未指定，则保存至默认路径。
- ndarray：需要保存的数组。

（2）np.load( )的基本格式如下。

```
np.load("filename.npy")
```

参数说明如下。

- filename.npy：要读取的文件名或文件路径，需要指定文件的路径，如果未指定，则默认为源文件路径。

【例 8-23】创建一个随机整数数组，将其存储到 NPY 文件中，再将 NPY 文件中的内容读取到数组中。

```
In [1]: import numpy as np
   ...: narr1 = np.random.randint(0,10,(3,6))   #创建 3 行 6 列的随机整数数组 narr1
   ...: narr1
Out[1]:
      array([[0, 4, 0, 1, 5, 4],
             [1, 8, 1, 8, 5, 8],
             [4, 8, 9, 0, 2, 4]])

In [2]: np.save("a.npy",narr1)          #将数组 narr1 存储到 a.npy 文件中
   ...: narr2 = np.load("a.npy")        #将 a.npy 文件中的数据读取到数组 narr2
   ...: narr2
Out[2]:
      array([[0, 4, 0, 1, 5, 4],
             [1, 8, 1, 8, 5, 8],
             [4, 8, 9, 0, 2, 4]])
```

使用 np.save( )只能将一个数组存储到文件中。如果要同时保存多个数组，可以使用 np.savez( )函数，保存至扩展名为.npz 的文件中。如果文件路径末尾没有扩展名.npz，该扩展名会被自动加上。其本质是将多个 np.save( )保存的 NPY 文件打包压缩成一个 NPZ 文件，解压 NPZ 文件就能看到多个 NPY 文件。np.savez( )函数的基本格式如下。

```
np.savez("filename.npy",key1= ndarray1, key2= ndarray2,key3= ndarray3…)
```

其中 ndarray1、ndarray2、ndarray3……为需要保存的数组，key1、key2、key3……为需要保存的数组的关键字，若没有给出关键字，数组会被自动命名为 arr_0、arr_1、arr_2。

【例 8-24】同时存储 3 个数组到 NPZ 文件中，再将 NPZ 文件中的内容读取到数组。

```
In [1]: import numpy as np
   ...: narr1 = np.array([[1,1,1],[1,1,1]])
   ...: narr2 = np.array([[2,2,2],[2,2,2]])
   ...: narr3 = np.array([[3,3,3],[3,3,3]])
   ...: np.savez("abc.npz", narr1,a = narr2,b = narr3) #将数组 narr1、narr2、narr3
存储到 abc.npz 文件中
   ...: w = np.load("abc.npz")      #将 abc.npz 文件中的数据读取到 w
   ...: w['arr_0']                  #输出存储的数组 narr1
Out[1]:
      array([[1, 1, 1],
             [1, 1, 1]])

In [2]: w['a']                      #输出存储的数组 narr2
Out[2]:
      array([[2, 2, 2],
             [2, 2, 2]])

In [3]: w['b']                      #输出存储的数组 narr3
Out[3]:
      array([[3, 3, 3],
             [3, 3, 3]])
```

2. 读/写文本文件

（1）写入文本文件

NumPy 使用 np.savetxt( )函数将数组保存到文本文件，其基本格式如下。

```
np.savetxt(filename, a, fmt="%d", delimiter=',')
```

参数说明如下。

- filename：存储的文件名或文件路径的字符串，文件格式可以是 TXT、CSV 格式等。
- a：要存储的数组。
- fmt：指定数据存储格式，默认按照“%.18e”格式保存。
- delimiter：指定数据分隔符，默认为空格。

（2）读取文本文件

NumPy 使用 np.loadtxt( )函数将文本文件中的数据读取到数组，其基本格式如下。

```
np.loadtxt(filename, dtype=int, delimiter=',')
```

参数说明如下。

- filename：文件名或文件路径，文件格式可以是 TXT、CSV 格式等。
- dtype：指定数组的数据类型。
- delimiter：指定数据分隔符，默认为空格。

【例8-25】创建随机整数数组，将其分别存储入TXT和CSV文件中，再分别从TXT和CSV文件中读取到数组。

```
In [1]: import numpy as np
   ...: narr1 = np.random.randint(0,10,(3,6))
   ...: narr1
Out[1]:
     array([[1, 8, 3, 8, 9, 3],
            [0, 3, 1, 7, 5, 4],
            [0, 2, 5, 0, 2, 9]])

     #将数组narr1按照默认的格式'.18e'保存到TXT文件中
In [2]: np.savetxt('narrtxt.txt',narr1)
     #将数组narr1按照'%d'格式保存到CSV文件中
   ...: np.savetxt('narrcsv.csv',narr1,fmt = '%d',delimiter=',')
     #从narrtxt.txt文件中读取数据到数组a
   ...: a = np.loadtxt('narrtxt.txt',dtype = float,delimiter=' ')
   ...: a
Out[2]:
     array([[1., 8., 3., 8., 9., 3.],
            [0., 3., 1., 7., 5., 4.],
            [0., 2., 5., 0., 2., 9.]])

     #从narrcsv.csv文件中读取数据到数组b
In [3]: b = np.loadtxt('narrcsv.csv',dtype = int,delimiter=',')
   ...: b
Out[3]:
     array([[1, 8, 3, 8, 9, 3],
            [0, 3, 1, 7, 5, 4],
            [0, 2, 5, 0, 2, 9]])
```

8.2 Pandas

Pandas是Python中基于NumPy的、强大的分析结构化数据的工具集。Pandas提供的数据结构具有处理数据灵活、速度快、富有表现力的特点，使得数据分析更加高效、强大，因而广泛应用于金融、统计学、学术研究、工程等领域。

Anaconda平台默认已经安装Pandas库，用户可以直接导入使用。常用的Pandas库导入命令如下。

```
import pandas as pd
```

如果读者使用的环境还没有安装Pandas库，可以在Anaconda Prompt中执行以下命令进行安装。

```
pip install pandas
```

8.2.1 Pandas中的数据结构

Pandas主要提供了3种数据结构，具体如下。

（1）Series：带标签的一维数组。

（2）DataFrame：带标签的二维表格数据结构。

（3）Panel：带标签且大小可变的三维数组。

因Panel数据结构较少用到，本书主要介绍Series和DataFrame。

1．Series

Series 是一维数组，也称为序列，类似于 NumPy 中带标签的一维 ndarray 对象，存储一行或一列数据。Series 由一组数据和相应的数据标签组成，数据标签也称为索引（Index），但 Series 的索引不局限于整数，可以是数字或者字符串。使用索引可以非常方便地在 Series 中取值。Series 数据结构如图 8-1 所示。

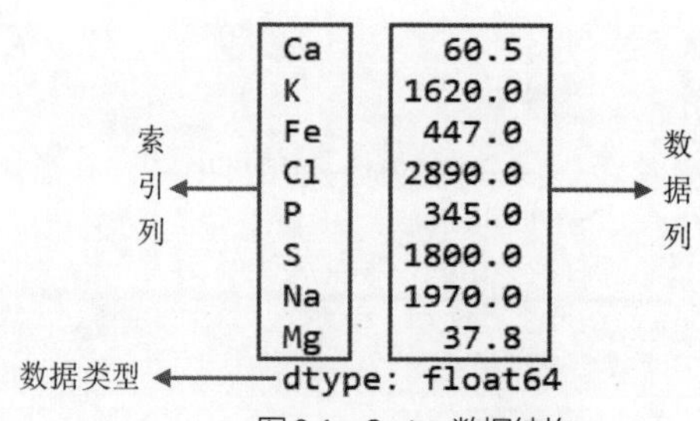

图 8-1 Series 数据结构

（1）创建 Series 对象

Series 对象使用 pd.Series( )函数创建，其基本格式如下。

```
pd.Series(data, index, dtype)
```

参数说明如下。

- data：序列数据，可以是 list、dict 或 NumPy 中一维 ndarray 对象。
- index：序列索引，可以用列表表示，默认为从 0 开始按 1 自动递增的整数索引。
- dtype：序列的数据类型，默认根据 data 中的数据自动设置。

【例 8-26】分别通过 list、dict 和一维 ndarray 对象创建 Series 对象。

```
In[1] : import numpy as np
   ...: import pandas as pd
   ...: #直接给定列表创建序列 series1
   ...: series1 = pd.Series([45,12,56,24,35],['a','b','c','d','e'])
   ...: series1
Out[1]:
        a    45
        b    12
        c    56
        d    24
        e    35
        dtype: int64

In[2]: list1 = [60.5,1620,447,2890,345,1800,1970,37.8]
  ...: element = ['Ca','K','Fe','Cl','P','S','Na','Mg']
  ...: blood = pd.Series(list1,element)    #通过列表 list1 创建序列 blood
  ...: blood
Out[2]:
        Ca      60.5
        K     1620.0
        Fe     447.0
        Cl    2890.0
        P      345.0
        S     1800.0
        Na    1970.0
        Mg      37.8
        dtype: float64
```

```
In [3]: narr1 =
np.array(['father','mother','brother','sister','son', 'daughter'])
   ...: callname = pd.Series(narr1)   #通过数组 narr1 创建序列 callname
   ...: callname
Out[3]:
        0      father
        1      mother
        2     brother
        3      sister
        4         son
        5    daughter
        dtype: object

In [4]: dict1 =
{'orange':4.0,'pear':3.5,'apple':6,'banana':5,'grape':12.5, 'cherry':35.5}
   ...: #通过字典 dict1 创建序列 price，索引为字典的键
   ...: price = pd.Series(dict1)
   ...: price
Out[4]:
        orange     4.0
        pear       3.5
        apple      6.0
        banana     5.0
        grape     12.5
        cherry    35.5
        dtype: float64
```

（2）Series 对象的属性

Series 对象的常用属性如表 8-7 所示。创建 Series 对象后，便可以查看其属性的值。

表 8-7　Series 对象的常用属性

函数	说明
Series.values	以 ndarray 对象的形式返回 Series 对象的所有值
Series.index	以列表的形式返回 Series 对象的索引
Series.dtype	返回 Series 对象的数据类型
Series.size	返回 Series 对象元素个数
Series.empty	判断 Series 对象是否为空

【例 8-27】创建 Series 对象，查看其属性。

```
In [1]: import numpy as np
   ...: import pandas as pd
   ...: dict1 =
{'Ca':60.5,'K':1620,'Fe':447,'P':345,'S':1800,'Na':1970, 'Mg':37.8}
   ...: ser1 = pd.Series(dict1)          #通过字典 dict1 创建 Series 对象 ser1
   ...: ser1.values                      #查看 ser1 对象的所有值
Out[1]: array([  60.5, 1620. ,  447. ,  345. , 1800. , 1970. ,   37.8])

In [2]: ser1.index                       #查看 ser1 对象的索引
Out[2]: Index(['Ca', 'K', 'Fe', 'P', 'S', 'Na', 'Mg'], dtype='object')

In [3]: ser1.size                        #查看 ser1 对象元素个数
Out[3]: 7

In [4]: ser1.empty                       #判断 ser1 对象是否为空
```

```
Out[4]: False
```

（3）访问 Series 对象

对于 Series 对象的元素，也可以通过相应的索引进行访问，还可以进行切片和按条件筛选访问。

【例 8-28】 创建 Series 对象，按多种方式访问 Series 对象的元素。

```
In [1]: import numpy as np
   ...: mport pandas as pd
   ...: dict1={'Ca':60.5,'K':1620,'Fe':447,'P':345,'S':1800,'Na':1970,'Mg':37.8}
   ...: ser1 = pd.Series(dict1)
   ...: ser1[4]                  #输出序号为 4 的元素对应的值，序号从 0 开始
Out[1]: 1800.0

In [2]: In [6]: ser1['Na']       #输出索引为 Na 的元素对应的值
Out[2]: 1970.0

In [3]: In [7]: ser1[2:5]        #输出序号从 2 到 5 的元素，不包含序号为 5 的元素
Out[3]:
        Fe     447.0
        P      345.0
        S     1800.0
        dtype: float64

In [4]:                          #输出从索引为 Ca 开始，到索引为 P 结束的元素
   ...: ser1['Ca':'P']
Out[4]:
        Ca      60.5
        K     1620.0
        Fe     447.0
        P      345.0
        dtype: float64

In [5]: In [9]: ser1[ser1.values<100]       #输出元素值小于 100 的元素
Out[5]:
        Ca    60.5
        Mg    37.8
        dtype: float64
```

（4）Series 对象的基本操作

Series 对象支持对元素进行增、删、改和排序等操作。

① 增加元素。

对于 Series 对象，可以直接使用索引添加元素，也可以通过使用 append( )方法追加 Series 对象的方式添加元素。

【例 8-29】 创建一个 Series 对象，分别使用索引和 append( )方法添加元素。

```
In [1]: import pandas as pd
   ...: dict1 = {'Ca':60.5,'K':1620}
   ...: ser1 = pd.Series(dict1)
   ...: ser1['Fe'] = 447            #使用索引添加元素
   ...: ser1
Out[1]:
        Ca      60.5
        K     1620.0
        Fe     447.0
        dtype: float64

In [2]: dict2 = {'S':1800,'Na':1970,'Mg':37.8}
```

```
   ...: ser2 = pd.Series(dict2)
   ...: ser1 = ser1.append(ser2)  #使用 append()方法添加元素
   ...: ser1
Out[2]:
        Ca      60.5
        K     1620.0
        Fe     447.0
        S     1800.0
        Na    1970.0
        Mg      37.8
        dtype: float64
```

② 删除元素。

使用 del 命令或 drop( )方法都可以删除 Series 对象的元素，不同的地方在于使用 del 命令是直接在原始 Series 对象上操作，drop( )方法则不改变原始 Series 对象，而是返回一个新的删除元素后的 Series 对象。

【例 8-30】分别使用 del 命令和 drop( )方法删除例 8-29 中 ser1 的元素。

```
In [1]: del ser1["Ca"]                       #使用 del 命令删除元素
   ...: ser1
Out[1]:
        K     1620.0
        Fe     447.0
        S     1800.0
        Na    1970.0
        Mg      37.8
        dtype: float64

In [2]: ser3 = ser1.drop(["Fe","Mg"])        #使用 drop()方法删除元素
   ...: ser3
Out[2]:
        K     1620.0
        S     1800.0
        Na    1970.0
        dtype: float64
```

③ 修改元素。

对于 Series 对象的元素，可以使用索引进行修改，也可以使用序号进行修改。

【例 8-31】对例 8-29 中 ser1 的元素进行修改的操作。

```
In [1]: ser1
Out[1]:
        K     1620.0
        Fe     447.0
        S     1800.0
        Na    1970.0
        Mg      37.8
        dtype: float64

In [2]: ser1[0] = 1600                 #使用序号修改元素值
   ...: ser1
Out[2]:
        K     1600.0
        Fe     447.0
        S     1800.0
```

```
        Na    1970.0
        Mg      37.8
        dtype: float64

In [3]: ser1["Fe"] = 450           #使用索引修改元素值
   ...: ser1
Out[3]:
        K     1600.0
        Fe     450.0
        S     1800.0
        Na    1970.0
        Mg      37.8
        dtype: float64
```

④ 排序。

可以使用 sort_index( )和 sort_values( )函数分别对 Series 对象按索引和值进行排序，其基本格式如下。

```
sort_index(ascending)
sort_values(ascending)
```

其中，ascending 参数用于控制排序的方式，默认为升序。当 ascending=True 时，升序排列；当 ascending=False 时，降序排列。

【例 8-32】创建 Series 对象，分别对其按索引和值进行排序。

```
In [1]: import pandas as pd
   ...: dict1
={'Ca':60.5,'K':1620,'Fe':447,'P':345,'S':1800,'Na':1970,'Mg': 37.8}
   ...: ser1 = pd.Series(dict1)            #通过字典 dict1 创建 Series 对象 ser1
   ...: ser1.sort_index( )                 #对 ser1 按索引升序排列
Out[1]:
        Ca      60.5
        Fe     447.0
        K     1620.0
        Mg      37.8
        Na    1970.0
        P      345.0
        S     1800.0
        dtype: float64

In [2]: ser1.sort_values(ascending = True)  #对 ser1 按值升序排列
Out[2]:
        Mg      37.8
        Ca      60.5
        P      345.0
        Fe     447.0
        K     1620.0
        S     1800.0
        Na    1970.0
        dtype: float64
```

2．DataFrame

DataFrame（数据框）是带标签（也称为索引）的二维表格数据结构，存储多行和多列数据集合，由多个 Series 组成，是 Series 的容器，如图 8-2 所示。DataFrame 的每一行或者每一列都可以看作一个 Series 对象。DataFrame 对象既有行索引（行标签），也有列索引（列标签），DataFrame 对象的行、列和每一个元素都可以通过行索引和列索引获取。

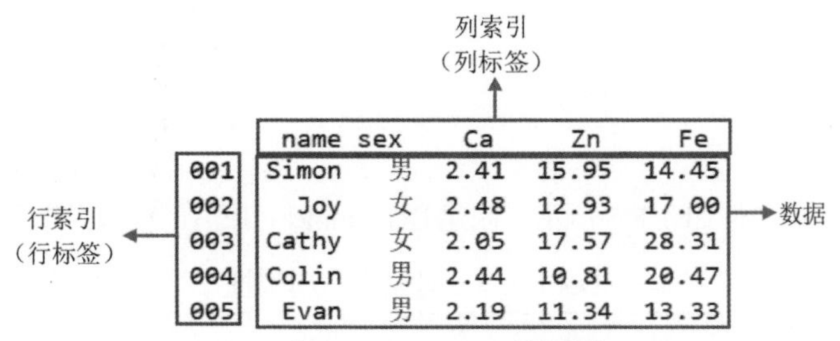

图8-2 DataFrame 数据结构

（1）创建 DataFrame 对象

使用 DataFrame( )函数创建 DataFrame 对象，其基本格式如下。

```
pd.DataFrame(data,index,columns,dtype)
```

参数说明如下。

- data：创建 DataFrame 对象的数据内容，可以是 ndarray 二维数组、Series 对象、列表、字典、DataFrame 对象等。
- index：设置 DataFrame 对象的行索引，如果没有指定行索引，默认为从 0 开始按 1 自动递增的整数索引。
- columns：设置 DataFrame 对象的列索引，如果没有指定列索引，默认为从 0 开始按 1 自动递增的整数索引。
- dtype：指定 DataFrame 对象每一列的数据类型，默认为 None，数据类型根据创建 DataFrame 对象的数据内容自动设置。

【例 8-33】使用字典创建 DataFrame 对象。

```
In [1]: import pandas as pd
   ...: dict1={'name':['Simon','Joy','Cathy','Colin','Evan'],
   ...:         'sex' :['男','女','女','男','男'],
   ...:         'Ca':[2.41, 2.48, 2.05, 2.44, 2.19],
   ...:         'Zn':[15.95, 12.93, 17.57, 10.81, 11.34],
   ...:         'Fe':[14.45, 17.  , 28.31, 20.47, 13.33]}
   ...: #使用字典dict1创建DataFrame对象df1
   ...: df1 =pd.DataFrame(dict1,index=['001','002','003','004','005'])
   ...: df1
Out[1]:
         name  sex  Ca    Zn     Fe
     001 Simon  男  2.41  15.95  14.45
     002   Joy  女  2.48  12.93  17.00
     003 Cathy  女  2.05  17.57  28.31
     004 Colin  男  2.44  10.81  20.47
     005  Evan  男  2.19  11.34  13.33
```

【例 8-34】使用 ndarray 二维数组创建 DataFrame 对象。

```
In [1]: import numpy as np
   ...: import pandas as pd
   ...: narr1 = np.random.randint(40,100,(4,3))
   ...: #使用数组narr1创建DataFrame对象df2
   ...: df2 =pd.DataFrame(narr1,columns=['长','宽','高'])
   ...: df2
Out[1]:
       长  宽  高
    0  76  76  63
```

```
   1  62  68  53
   2  97  48  82
   3  86  90  71
```

（2）DataFrame 对象的属性

DataFrame 对象的常用属性如表 8-8 所示，创建 DataFrame 对象后，便可以查看其属性的值。

表 8-8　DataFrame 对象的常用属性

函数	说明
DataFrame.values	以 ndarray 对象的形式返回 DataFrame 对象的所有值
DataFrame.index	返回 DataFrame 对象的行索引
DataFrame.columns	返回 DataFrame 对象的列索引
DataFrame.dtypes	返回 DataFrame 对象各列的数据类型
DataFrame.size	返回 DataFrame 对象的元素个数
DataFrame.shape	返回 Dataframe 对象的形状
DataFrame.empty	判断 DataFrame 对象是否为空

【例 8-35】 查看例 8-33 中创建的 DataFrame 对象 df1 的属性。

```
In [1]: df1.values
Out[1]:
array([['Simon', '男', 2.41, 15.95, 14.45],
       ['Joy', '女', 2.48, 12.93, 17.0],
       ['Cathy', '女', 2.05, 17.57, 28.31],
       ['Colin', '男', 2.44, 10.81, 20.47],
       ['Evan', '男', 2.19, 11.34, 13.33]], dtype=object)

In [2]: df1.index
Out[2]: Index(['001', '002', '003', '004', '005'], dtype='object')

In [3]: df1.columns
Out[3]: Index(['name', 'sex', 'Ca', 'Zn', 'Fe'], dtype='object')

In [4]: df1.dtype
Out[4]:
       name    object
       sex     object
       Ca     float64
       Zn     float64
       Fe     float64
       dtype: object

In [5]: df1.size
Out[5]: 25

In [6]: df1.shape
Out[6]: (5, 5)

In [7]: df1.empty
Out[7]: False
```

（3）访问 DataFrame 对象

可以使用索引或相关函数对 DataFrame 对象的元素进行访问和切片。

① 选取列。

通过列索引名称可以选取列，其基本格式如下：

```
DataFrame[列索引名 或 列索引列表]
DataFrame.列索引名
```

可以访问单列或多个离散的列，但不能使用切片形式，返回的数据为 Series 类型数据。

【例 8-36】选取例 8-33 中创建的 DataFrame 对象 df1 中的列。

```
In [1]: df1_a = df1['name']                    #选取列索引名称为 name 的列
   ...: df1_a
Out[1]:
        001    Simon
        002      Joy
        003    Cathy
        004    Colin
        005     Evan
        Name: name, dtype: object

In [2]: df1_b = df1[['name','Ca','Fe']]    #选取列索引名称为 name、Ca、Fe 的列
   ...: df1_b
Out[2]:
             name   Ca     Fe
        001  Simon  2.41  14.45
        002    Joy  2.48  17.00
        003  Cathy  2.05  28.31
        004  Colin  2.44  20.47
        005   Evan  2.19  13.33

In [3]: df1.sex                                #选取列索引名称为 sex 的列
Out[3]:
        001    男
        002    女
        003    女
        004    男
        005    男
        Name: sex, dtype: object
```

② 选取行。

通过行索引可以选取行，其基本格式如下。

```
DataFrame[行位置切片]
```

此外，也可以使用函数获取多行数据，如表 8-9 所示。

表 8-9　Pandas 常用的行提取函数

函数	说明
DataFrame.head(n)	返回 DataFrame 对象的前 n 行。若不指定 n，则默认前 5 行
DataFrame.tail(n)	返回 DataFrame 对象的后 n 行。若不指定 n，则默认后 5 行
DataFrame.sample(n)	随机从 DataFrame 对象抽取 n 行

【例 8-37】选取例 8-33 中创建的 DataFrame 对象 df1 的行。

```
In [1]: df1[2:4] #显示 2~3 行
Out[1]:
             name   sex  Ca     Zn     Fe
        003  Cathy  女  2.05  17.57  28.31
```

```
        004  Colin   男  2.44  10.81  20.47

In [2]: df1[:2]  #显示前 2 行
Out[2]:
             name   sex  Ca     Zn      Fe
        001  Simon   男  2.41  15.95  14.45
        002   Joy    女  2.48  12.93  17.00

In [3]: df1.sample(3)  #随机抽取 3 行显示
Out[3]:
             name   sex  Ca     Zn     Fe
        003  Cathy   女  2.05  17.57  28.31
        004  Colin   男  2.44  10.81  20.47
        001  Simon   男  2.41  15.95  14.45
```

③ 同时选取行和列。

若要同时选择部分行和列，可以使用 loc( )和 iloc( )函数。loc( )函数通过索引选取数据，而 iloc( )通过位置选取数据，其基本格式如下。

```
DataFrame.loc(行索引名称或条件，列索引名称或条件)
DataFrame.iloc(行位置或切片，列位置或切片)
```

若 loc( )、iloc( )函数只给定一个参数，则代表行选择。

【例 8-38】同时选取例 8-33 中创建的 DataFrame 对象 df1 的行和列。

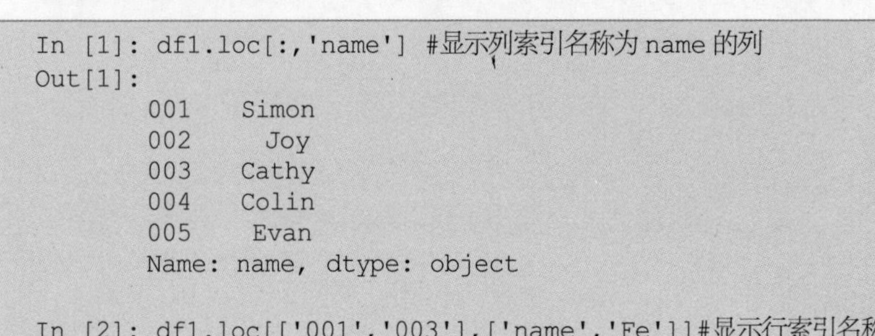

```
In [1]: df1.loc[:,'name'] #显示列索引名称为 name 的列
Out[1]:
        001    Simon
        002     Joy
        003    Cathy
        004    Colin
        005     Evan
        Name: name, dtype: object

In [2]: df1.loc[['001','003'],['name','Fe']]#显示行索引名称为 001、003 和列索引名称为
name、Fe 的数据
Out[2]:
             name    Fe
        001  Simon  14.45
        003  Cathy  28.31

In [3]: df1.loc[['001','003']]      #显示行索引名称为 001、003 的行
Out[3]:
             name   sex  Ca     Zn     Fe
        001  Simon   男  2.41  15.95  14.45
        003  Cathy   女  2.05  17.57  28.31

In [4]: df1.iloc[1:4,:3]            #显示行号为 1～3、列号为 0～2 的数据
Out[4]:
              name  sex  Ca
        002   Joy    女  2.48
        003  Cathy   女  2.05
        004  Colin   男  2.44
```

④ 条件筛选。

除了使用索引和切片选取 DataFrame 中的数据，还可以根据条件筛选数据。

【例 8-39】根据条件筛选例 8-33 中创建的 DataFrame 对象 df1 中的数据。

```
In [1]: df1[(df1['sex']=='男')]          #筛选 sex 列为-- “男” 的数据
Out[1]:
          name   sex  Ca    Zn     Fe
     001  Simon  男  2.41  15.95  14.45
     004  Colin  男  2.44  10.81  20.47
     005   Evan  男  2.19  11.34  13.33

In [2]: df1[(df1['Ca']>2.4) & (df1['sex']=='男')] #筛选 Ca 列大于 2.4 且 sex 列为 “男”
的数据
Out[2]:
          name   sex  Ca    Zn     Fe
     001  Simon  男  2.41  15.95  14.45
     004  Colin  男  2.44  10.81  20.47

In [3]: df1.loc[df1['Ca']>2.4]             #筛选 Ca 列大于 2.4 的数据
Out[3]:
          name   sex  Ca    Zn     Fe
     001  Simon  男  2.41  15.95  14.45
     002    Joy  女  2.48  12.93  17.00
     004  Colin  男  2.44  10.81  20.47

In [4]: df1.loc[df1['Ca']>2.4,['name','Ca','Fe']]      #筛选 Ca 列大于 2.4 的数据
Out[4]:
          name   Ca    Fe
     001  Simon  2.41  14.45
     002    Joy  2.48  17.00
     004  Colin  2.44  20.47

In [5]: df1.query('Ca>2.4')                 #筛选 Ca 列大于 2.4 的数据
Out[5]:
          name   sex  Ca    Zn     Fe
     001  Simon  男  2.41  15.95  14.45
     002    Joy  女  2.48  12.93  17.00
     004  Colin  男  2.44  10.81  20.47

In [6]: df1.query('Ca>2.4 & Fe>20')    #筛选 Ca 列大于 2.4 且 Fe 列大于 20 的数据
Out[6]:
          name   sex  Ca    Zn     Fe
     004  Colin  男  2.44  10.81  20.47
```

（4）DataFrame 数据操作

① 增加数据。

可以使用 insert( )函数增加列，其基本格式如下。

```
Dataframe.insert(loc, column, value, allow_duplicates=False)
```

参数说明如下。

- loc：整数类型，表示新增加的列的位置。
- column：新增加的列的索引名。
- value：新增加的值，可以是数字、数组、Series 对象等。

● allow_duplicates：是否允许列名重复，True 表示允许新的列名与已存在的列名重复。

【例 8-40】在例 8-33 创建的 DataFrame 对象 df1 中增加列。

```
In [1]: df1['Mg'] = [0.9 , 0.79, 0.92, 0.78, 0.98]
   ...: df1.insert(6,'P',[1.04, 1.09, 1.08, 1.08, 1.17])
   ...: df1
Out[1]:
         name  sex  Ca    Zn     Fe     Mg    P
    001  Simon  男  2.41  15.95  14.45  0.90  1.04
    002    Joy  女  2.48  12.93  17.00  0.79  1.09
    003  Cathy  女  2.05  17.57  28.31  0.92  1.08
    004  Colin  男  2.44  10.81  20.47  0.78  1.08
    005   Evan  男  2.19  11.34  13.33  0.98  1.17
```

使用 append( )函数可以增加行，可以将字典、Series 对象、列表、另一个 DataFrame 对象追加到 DataFrame 对象末尾，其基本格式如下。

```
DataFrame.append(value, ignore_index)
```

参数说明如下。

● value：要增加行的内容，可以是字典、Series 对象、列表、DataFrame 对象。

● ignore_index：默认值为 False；如果为 True，则忽略原 DataFrame 对象中的索引，使用从 0 开始的整数索引。

【例 8-41】在例 8-33 创建的 DataFrame 对象 df1 中增加行。

```
In [1]: dict1={'name':['Andy','Mila'],
   ...:        'sex' :['男','女'],
   ...:        'Ca':[2.11,2.23],
   ...:        'Zn':[12.5,13.4],
   ...:        'Fe':[25.5,23.7],
   ...:        'Mg':[0.85,0.91],
   ...:        'P':[1.21,1.33]}
   ...: df2 = pd.DataFrame(dict1,index=['005','006'])
   ...: df1.append(df2)   #使用 append()函数,通过 DataFrame 对象 df2 增加行
Out[1]:
         name  sex  Ca    Zn     Fe     Mg    P
    001  Simon  男  2.41  15.95  14.45  0.90  1.04
    002    Joy  女  2.48  12.93  17.00  0.79  1.09
    003  Cathy  女  2.05  17.57  28.31  0.92  1.08
    004  Colin  男  2.44  10.81  20.47  0.78  1.08
    005   Evan  男  2.19  11.34  13.33  0.98  1.17
    005   Andy  男  2.11  12.50  25.50  0.85  1.21
    006   Mila  女  2.23  13.40  23.70  0.91  1.33

In [2]: dict2 = {'name':'Sophi', 'sex' :'女' ,'Ca':2.22, 'Zn':13.5, 'Fe':18.55, 
'Mg':0.95, 'P':1.10}
   ...: df1.append(dict2,ignore_index=True)   #使用 append()函数,通过字典 dict2 增加行
Out[2]:
       name  sex  Ca    Zn     Fe     Mg    P
    0  Simon  男  2.41  15.95  14.45  0.90  1.04
    1    Joy  女  2.48  12.93  17.00  0.79  1.09
    2  Cathy  女  2.05  17.57  28.31  0.92  1.08
    3  Colin  男  2.44  10.81  20.47  0.78  1.08
    4   Evan  男  2.19  11.34  13.33  0.98  1.17
```

```
        5  Sophi   女  2.22  13.50  18.55  0.95  1.10
```

② 删除数据。

使用 drop( )函数可以删除 DataFrame 对象中的数据，其基本格式如下。

```
DataFrame.drop([ ],axis,inplace)
```

参数说明如下。

- [ ]：待删除的行索引名或列索引名。
- axis：axis=0 表示删除行，axis=1 表示删除列，默认为 0。
- inplace：布尔值，表示操作是否对原数据生效，默认为 False，表示不修改原数据，返回的是原数据的副本；若设置 inplace = True，则直接修改原数据。

【例 8-42】删除例 8-33 创建的 DataFrame 对象 df1 中的行与列。

```
In [1]: df1.drop(['001','002'],axis = 0)  #删除行索引名称为 001、002 的行，不直接修改df1
Out[1]:
           name   sex  Ca     Zn     Fe     Mg    P
      003  Cathy  女  2.05  17.57  28.31  0.92  1.08
      004  Colin  男  2.44  10.81  20.47  0.78  1.08
      005   Evan  男  2.19  11.34  13.33  0.98  1.17

In [2]: df1
Out[2]:
           name   sex  Ca     Zn     Fe     Mg    P
      001  Simon  男  2.41  15.95  14.45  0.90  1.04
      002    Joy  女  2.48  12.93  17.00  0.79  1.09
      003  Cathy  女  2.05  17.57  28.31  0.92  1.08
      004  Colin  男  2.44  10.81  20.47  0.78  1.08
      005   Evan  男  2.19  11.34  13.33  0.98  1.17

In [3]: df1.drop(['Mg','Fe'],axis = 1,inplace = True) #直接在 df1 中删除列名为 Mg、Fe 的列
   ...: df1
Out[3]:
           name   sex  Ca     Zn     P
      001  Simon  男  2.41  15.95  1.04
      002    Joy  女  2.48  12.93  1.09
      003  Cathy  女  2.05  17.57  1.08
      004  Colin  男  2.44  10.81  1.08
      005   Evan  男  2.19  11.34  1.17
```

③ 修改数据。

对于 DataFrame 对象中的数据，可以根据需求修改某一个值、修改某一列、替换单个或多个值等。

使用之前介绍的 loc( )方法和赋值语句可以修改对象中的一个值；若要修改某一列，直接通过已经存在的列索引名赋值；若要替换单个和多个值，可以使用 replace( )函数，其基本格式如下。

```
DataFrame.replace(to_replace,value,inplace)
```

参数说明如下。

- to_replace：需要替换的值，需要同时替换多个值时，使用字典即可。
- value：替换后的值。

- inplace：布尔值，表示操作是否对原数据生效，默认为 False，表示不修改原数据，返回的是原数据的副本；若设置 inplace = True，则直接修改原数据。

【例 8-43】修改例 8-33 创建的 DataFrame 对象 df1 中的数据。

```
In [1]: #修改行索引名称为 002、列索引名称为 name 的单元格数据
   ...: f1.loc['002','name'] = 'Joyce'
   ...: df1
Out[1]:
          name   sex  Ca     Zn     P
     001  Simon  男  2.41  15.95  1.04
     002  Joyce  女  2.48  12.93  1.09
     003  Cathy  女  2.05  17.57  1.08
     004  Colin  男  2.44  10.81  1.08
     005   Evan  男  2.19  11.34  1.17

In [2]: #修改列索引名称为 Ca 的列的数据
   ...: f1['Ca'] = [2.21, 2.28, 2.15, 2.24, 2.29]
   ...: df1
Out[2]:
          name   sex  Ca     Zn     P
     001  Simon  男  2.21  15.95  1.04
     002  Joyce  女  2.28  12.93  1.09
     003  Cathy  女  2.15  17.57  1.08
     004  Colin  男  2.24  10.81  1.08
     005   Evan  男  2.29  11.34  1.17

In [3]: #将 df1 中的"男"替换为"male"
   ...:df1.replace('男','male',inplace = True)
   ...: df1
Out[3]:
          name   sex    Ca     Zn     P
     001  Simon  male  2.21  15.95  1.04
     002  Joyce    女  2.28  12.93  1.09
     003  Cathy    女  2.15  17.57  1.08
     004  Colin  male  2.24  10.81  1.08
     005   Evan  male  2.29  11.34  1.17

In [4]: #将"male" "女"分别替换为"M" "F"
   ...: f1.replace({'male':'M','女':'F'},inplace = True)
   ...: df1
Out[4]:
          name   sex  Ca     Zn     P
     001  Simon   M  2.21  15.95  1.04
     002  Joyce   F  2.28  12.93  1.09
     003  Cathy   F  2.15  17.57  1.08
     004  Colin   M  2.24  10.81  1.08
     005   Evan   M  2.29  11.34  1.17
```

（5）排序

可以使用 sort_index( )和 sort_values( )函数分别对 DataFrame 对象按索引和值进行排序，其基本格式如下。

```
sort_index(axis,ascending,inplace)
sort_values(by,axis,ascending,inplace)
```

参数说明如下。

- axis：控制排序的轴方向，axis=0 表示按行排序，axis=1 表示按列排序，默认为 0。
- ascending：控制排序的方式，默认为升序，即 ascending=True；当 ascending=False 时，降序排序。
- by：指定排序的关键字，由行索引名或列索引名组成的列表。

【例 8-44】对例 8-33 创建的 DataFrame 对象 df1 中的数据分别按索引和按值排序。

```
In [1]: df1.sort_index(axis=1)
Out[1]:
          Ca    P     Zn    name   sex
     001  2.21  1.04  15.95 Simon   M
     002  2.28  1.09  12.93 Joyce   F
     003  2.15  1.08  17.57 Cathy   F
     004  2.24  1.08  10.81 Colin   M
     005  2.29  1.17  11.34  Evan   M

In [2]: #按 sex、Ca 降序排序
   ...: f1.sort_values(['sex','Ca'],axis=0 ,ascending = False)
Out[2]:
          name  sex  Ca    Zn     P
     005  Evan   M  2.29  11.34  1.17
     004  Colin  M  2.24  10.81  1.08
     001  Simon  M  2.21  15.95  1.04
     002  Joyce  F  2.28  12.93  1.09
     003  Cathy  F  2.15  17.57  1.08
```

8.2.2 Pandas 基本运算

这里说的基本运算是指 Series 和 DataFrame 数据结构支持的算术运算，以及 Series 和 DataFrame 数据结构之间的比较运算。

1. 算术运算

Series 和 DataFrame 数据结构支持的算术运算包括加（+）、减（-）、乘（*，包括**）、除（/）。在进行运算时，相同索引直接进行运算，不同索引不进行运算，结果索引是参与运算的索引并集，并自动进行数据补齐，补齐时默认填入缺失值（用 NaN 表示）。

当 Series 和 DataFrame 对象与单个数字进行运算时，则对象中的每个元素都与该数字进行运算。

【例 8-45】Series 对象的运算。

```
In [1]: import pandas as pd
   ...: ser1 = pd.Series([10,20,30,40],index=['a','b','c','d'])
   ...: ser1
Out[1]:
     a    10
     b    20
     c    30
     d    40
     dtype: int64

In [2]: ser2 = pd.Series([50,60,70],index=['c','d','e'])
   ...: ser2
Out[2]:
     c    50
     d    60
     e    70
     dtype: int64
```

```
In [3]: ser1 + ser2
Out[3]:
        a      NaN
        b      NaN
        c     80.0
        d    100.0
        e      NaN
        dtype: float64

In [4]: ser1 + 5
Out[4]:
        a    15
        b    25
        c    35
        d    45
        dtype: int64
```

【例 8-46】DataFrame 对象的运算。

```
In [1]: import pandas as pd
   ...: import numpy as np
   ...: narr1 = np.random.randint(45,90,(3,2))
   ...: df1 = pd.DataFrame(narr1,index=['001','002','003' ],columns = ['A','B'])
   ...: df1
Out[1]:
          A   B
     001  69  49
     002  46  76
     003  89  61

In [2]: df1['A'] + 5
Out[2]:
     001    74
     002    51
     003    94
     Name: A, dtype: int32

In [3]: df1['A'] + df1['B']
Out[3]:
     001    118
     002    122
     003    150
     dtype: int32

In [4]: dict1 = {'A':[5,5,5,5],'B':[5,5,5,5],'C':[10,10,10,10]}
   ...:  df2  =  pd.DataFrame(dict1,index=['001','002','003','004'  ],columns  =
['A','B','C'])
   ...: df2
Out[4]:
         A  B  C
     001  5  5  10
     002  5  5  10
     003  5  5  10
     004  5  5  10

In [5]: df1 + df2
Out[5]:
        A     B     C
   001  74.0  54.0  NaN
   002  51.0  81.0  NaN
   003  94.0  66.0  NaN
```

```
    004  NaN  NaN NaN
```

【例 8-47】DataFrame 对象与 Series 对象的运算。

```
In [1]: import pandas as pd
   ...: import numpy as np
   ...: narr1 = np.random.randint(70,90,(3,2))
   ...: df1 = pd.DataFrame(narr1,index=['001','002','003' ],columns = ['A','B'])
   ...: df1
Out[1]:
          A   B
     001  86  74
     002  70  86
     003  76  85

In [2]: ser1 = pd.Series([10,10,10],index=['A','B' ,'C'])
   ...: ser1
Out[2]:
     A    10
     B    10
     C    10
     dtype: int64

In [3]: df1 + ser1
Out[3]:
          A   B   C
     001  96  84  NaN
     002  80  96  NaN
     003  86  95  NaN
```

2. 比较运算

对 Series 和 DataFrame 数据结构可以使用>、>=、<、<=、==、!=等运算符进行比较运算，得到的结果为布尔值。比较运算只能比较相同索引的对象，且不进行数据补齐。

【例 8-48】比较两个具有相同索引的 DataFrame 对象。

```
In [1]: import pandas as pd
   ...: import numpy as np
   ...: narr1 = np.random.randint(60,100,(3,3))
   ...: narr2 = np.random.randint(60,100,(3,3))
   ...: df1 = pd.DataFrame(narr1,index=['001','002','003' ],columns = ['A','B',
'C'])
   ...: df2 = pd.DataFrame(narr2,index=['001','002','003' ],columns = ['A','B',
'C'])
   ...: df1
Out[1]:
          A   B   C
     001  68  76  86
     002  74  84  93
     003  67  60  76

In [2]: df2
Out[2]:
          A   B   C
     001  90  84  91
     002  83  68  78
     003  83  96  67

In [3]: df1 > df2
Out[3]:
          A      B      C
```

```
       001  False  False  False
       002  False   True   True
       003  False  False   True

In [4]: df1['A'] > df1['B']
Out[4]:
       001    False
       002    False
       003     True
       dtype: bool
```

8.2.3 Pandas 数据读写

第 7 章已经介绍过文本文件、CSV 文件和 JSON 文件的读取和保存，本节将介绍在 Pandas 下读取文本文件、CSV 文件、JSON 文件，将其转换为 DataFrame 对象，并将 DataFrame 数据保存为外部文件的方法。

1．文本文件读写

（1）读取文本文件

Pandas 中使用 read_csv( )函数将文本或 CSV 文件中的数据导入 DataFrame 数据结构，其基本格式如下。

```
pd.read_csv(filename, sep,header,index_col,nrows,skiprows,encoding,dtype)
```

参数说明如下。

- filename：要导入的文件名或文件路径的字符串，文件格式可以是 TXT、CSV 等。
- sep：指定数据的分隔符，默认为逗号“,”。
- header：指定将哪一行作为列索引，默认为 infer，表示自动识别；header = 0 时，表示文件的第一行为 DataFrame 数据的列索引。
- index_col：指定将哪一列作为行索引，index_col=0 表示以原有数据的第一列（索引为 0）当作行索引。
- nrows：设置需要读取数据中的前 n 行数据。
- skiprows：需要跳过的行数，从文件内数据的开始处算起。
- encoding：设置文本编码格式，默认值为“utf-8”，中文系统中的编码应设置为“gbk”。
- dtype：指定每列数据的数据类型，可通过字典或列表指定，默认由系统自动识别。

此外，还可以使用 pd.read_table( )函数打开 TXT 文件。

（2）导出数据到文本文件

可以使用 to_csv( )方法将 DataFrame 对象的数据导出到 TXT 和 CSV 格式的文件中，其基本格式如下。

```
DataFrame.to_csv(filename, sep,header,columns,index ,encoding)
```

参数说明如下。

- filename：要导出的文件名或文件路径的字符串，文件格式可以是 TXT、CSV 等。
- sep：指定数据的分隔符，默认为逗号“,”。
- header：是否写入列名，默认为 True，表示写入。
- columns：指定写入文件的列，为列表类型，默认为 None，表示写入所有列。
- index：是否将行索引写入文件，默认为 True，表示写入。
- encoding：设置写入文件的编码格式。

【例 8-49】创建 DataFrame 对象，分别将其存储到 blood.txt 和 blood.csv 文件中。

```
In [1]: import numpy as np
   ...: import pandas as pd
   ...: dict1={'name':['Simon','Joy','Cathy','Colin','Evan','Lena',' Barry','Bart',
'Ellie','Riley'],
   ...:        'sex' :['男','女','女','男','男','女','男','男','女','女'],
   ...:        'Ca':[2.19, 2.31, 2.33, 2.54, 2.37, 2.11, 2.54, 2.51, 2.43, 2.53],
   ...:        'Zn':[15.74, 15.91, 17.6 , 15.58, 12.41, 12.26, 17.64, 11.64,
10.94,14.39],
   ...:        'Fe':[17.33, 30.73, 15.33, 12.7 , 13.91, 20.67, 17.45, 28.51,
28.29,19.93],
   ...:        'Cu':[17.14, 22.09, 20.18, 16.97, 15.07, 18.79, 22.38, 15.18,
19.84,22.6],
   ...:        'P':[0.98, 1.31, 1.22, 1.36, 1.37, 1.34, 0.93, 0.9 , 1.11, 1.39]}
   ...: list1 = ['s001','s002','s003','s004','s005','s006','s007','s008','s009',
's010']
   ...: df1 = pd.DataFrame(dict1,index = list1 )
   ...: df1.to_csv('blood.txt' )     #将 df1 写入 blood.txt 文件
   ...: df1.to_csv('blood.csv' )     #将 df1 写入 blood.csv 文件
```

blood.txt 与 blood.csv 文件内容分别如图 8-3、图 8-4 所示。

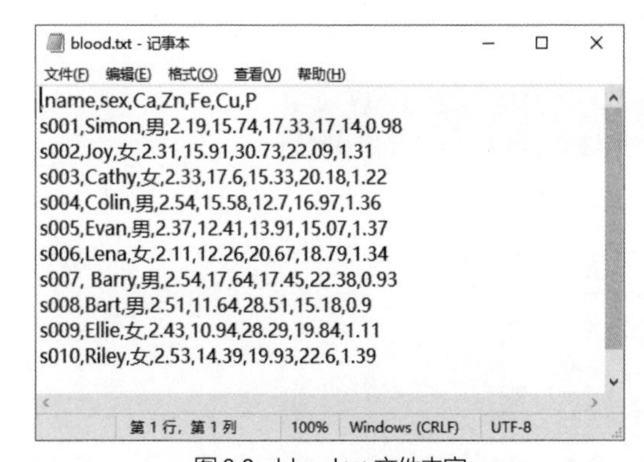
blood.txt - 记事本
文件(F) 编辑(E) 格式(O) 查看(V) 帮助(H)

```
name,sex,Ca,Zn,Fe,Cu,P
s001,Simon,男,2.19,15.74,17.33,17.14,0.98
s002,Joy,女,2.31,15.91,30.73,22.09,1.31
s003,Cathy,女,2.33,17.6,15.33,20.18,1.22
s004,Colin,男,2.54,15.58,12.7,16.97,1.36
s005,Evan,男,2.37,12.41,13.91,15.07,1.37
s006,Lena,女,2.11,12.26,20.67,18.79,1.34
s007, Barry,男,2.54,17.64,17.45,22.38,0.93
s008,Bart,男,2.51,11.64,28.51,15.18,0.9
s009,Ellie,女,2.43,10.94,28.29,19.84,1.11
s010,Riley,女,2.53,14.39,19.93,22.6,1.39
```

第 1 行，第 1 列 100% Windows (CRLF) UTF-8

图 8-3 blood.txt 文件内容

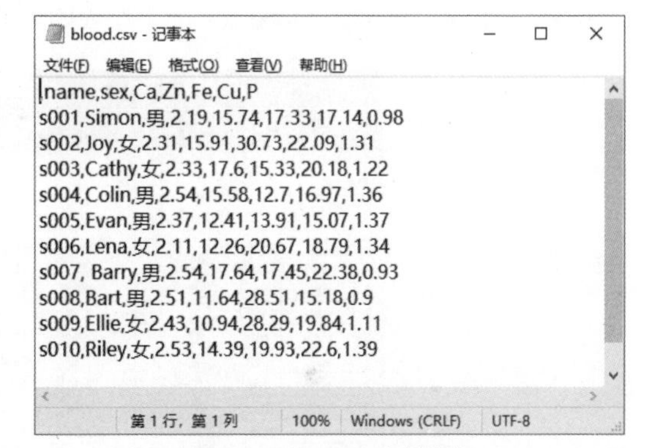
blood.csv - 记事本
文件(F) 编辑(E) 格式(O) 查看(V) 帮助(H)

```
name,sex,Ca,Zn,Fe,Cu,P
s001,Simon,男,2.19,15.74,17.33,17.14,0.98
s002,Joy,女,2.31,15.91,30.73,22.09,1.31
s003,Cathy,女,2.33,17.6,15.33,20.18,1.22
s004,Colin,男,2.54,15.58,12.7,16.97,1.36
s005,Evan,男,2.37,12.41,13.91,15.07,1.37
s006,Lena,女,2.11,12.26,20.67,18.79,1.34
s007, Barry,男,2.54,17.64,17.45,22.38,0.93
s008,Bart,男,2.51,11.64,28.51,15.18,0.9
s009,Ellie,女,2.43,10.94,28.29,19.84,1.11
s010,Riley,女,2.53,14.39,19.93,22.6,1.39
```

第 1 行，第 1 列 100% Windows (CRLF) UTF-8

图 8-4 blood.csv 文件内容

【例 8-50】从 blood.csv 文件中读取前 5 行数据，并将第 0 列作为行索引。

```
In [1]: import pandas as pd
   ...: df2 =pd.read_csv('blood.txt',index_col=0,nrows =5 )
   ...: df2
Out[1]:
         name  sex  Ca    Zn     Fe     Cu     P
    s001  Simon  男  2.19  15.74  17.33  17.14  0.98
    s002    Joy  女  2.31  15.91  30.73  22.09  1.31
    s003  Cathy  女  2.33  17.60  15.33  20.18  1.22
    s004  Colin  男  2.54  15.58  12.70  16.97  1.36
    s005   Evan  男  2.37  12.41  13.91  15.07  1.37
```

2．Excel 文件读写

（1）Excel 文件读取

Excel 是常见的存储和处理数据的软件，可以使用 read_excel( )函数从 Excel 文件中读取数据，其基本格式如下。

```
pd.read_excel (filename, sheet_name,header,shiprows,index_col)
```

参数说明如下。

- filename：要导入的 Excel 文件的路径和文件名，支持 XLS 和 XLSX 格式。
- sheet_name：指定 Excel 文件工作表名称，默认工作表名为 Sheet1。
- header、shiprows、index_col 这 3 个参数的使用方式与 read_csv( )函数相同。

（2）Excel 文件写入

可以使用 to_excel( )方法将 DataFrame 对象数据写入 Excel 文件中，其基本格式如下。

```
pd.to_excel (filename, sheet_name, columns,index)
```

参数说明如下。

- filename：要导出到 Excel 文件的路径和文件名，支持 XLS 和 XLSX 格式。
- sheet_name：指定 Excel 文件工作表名称，默认工作表名为 Sheet1。
- columns：指定写入文件的列，为列表，默认为 None，表示写入所有列。
- index：是否将行索引写入文件，默认为 True，表示写入。

【例 8-51】将例 8-49 的 DataFrame 对象 df1 写入 blood.xlsx 文件。

```
In [1]: df1.to_excel('blood.xlsx' ,sheet_name='blooddata')
   ...: #blooddata 为 Excel 文件工作表名
```

blood.xlsx 文件中名为 blooddata 的工作表内容如图 8-5 所示。

	name	sex	Ca	Zn	Fe	Cu	P
s001	Simon	男	2.19	15.74	17.33	17.14	0.98
s002	Joy	女	2.31	15.91	30.73	22.09	1.31
s003	Cathy	女	2.33	17.6	15.33	20.18	1.22
s004	Colin	男	2.54	15.58	12.7	16.97	1.36
s005	Evan	男	2.37	12.41	13.91	15.07	1.37
s006	Lena	女	2.11	12.26	20.67	18.79	1.34
s007	Barry	男	2.54	17.64	17.45	22.38	0.93
s008	Bart	男	2.51	11.64	28.51	15.18	0.9
s009	Ellie	女	2.43	10.94	28.29	19.84	1.11
s010	Riley	女	2.53	14.39	19.93	22.6	1.39

图 8-5　blood.xlsx 文件内容

【例 8-52】从 blood.xlxs 文件中读取数据，将 name 列作为行索引，且只取 Ca 和 Zn 两列数据。

```
In [1]: import pandas as pd
   ...: df3=pd.read_excel('blood.xlsx',index_col=1)
   ...: df3.loc[:,['Ca','Zn']]
Out[1]:
                Ca     Zn
      Simon   2.19  15.74
      Joy     2.31  15.91
      Cathy   2.33  17.60
      Colin   2.54  15.58
      Evan    2.37  12.41
      Lena    2.11  12.26
      Barry   2.54  17.64
      Bart    2.51  11.64
      Ellie   2.43  10.94
      Riley   2.53  14.39
```

3. JSON 文件读写

JSON 文件主要构建于两种结构，一种是将数据以关键字和数值配对的形式构成键值对，与字典形式相近；另一种是值的有序列表，与数组结构相似，易于阅读和编写，相比 CSV 文件更为自由，并且能有效提高网络传输效率。

（1）JSON 文件读取

Pandas 使用 read_json( )函数从 JSON 文件中读取数据到 DataFrame 对象，其基本格式如下。

```
pd.read_json (filename, orient, typ)
```

参数说明如下。

- typ：要恢复的对象的类型。允许的取值为'frame'、'series'，默认为'frame'。
- orient：指定预期的 Json 字符串格式。

其中，orient 指定读取的 Json 预期的字符串格式，允许的取值有'split'、'records'、'index'、'columns'、'values'。若导出 Series 对象，即 typ == 'series'，可以取值'split'、'records'、'index'、默认值为'index'；若导出 DataFrame 对象，即 typ == 'frame'，默认为'columns'。

（2）写入 JSON 文件

可以使用 to_json( )方法将 DataFrame 或 Series 对象导出到 JSON 文件，其基本格式如下。

```
pd.to_json (filename, orient)
```

其中，orient 参数的使用方式与 read_json( )函数相同。

【例 8-53】将例 8-51 中的 DataFrame 对象 df1 导出到 blood.json 文件。

```
In [1]: #将 DataFrame 对象 df1 导出到 blood.json 文件
   ...: df1.to_json('blood.json' ,orient='columns')
```

blood.json 文件内容如图 8-6 所示。

```
blood.json - 记事本
文件(F)  编辑(E)  格式(O)  查看(V)  帮助(H)
{"name":{"s001":"Simon","s002":"Joy","s003":"Cathy","s004":"Colin","s005":"Evan","s006":"Lena","s007":"
Barry","s008":"Bart","s009":"Ellie","s010":"Riley"},"sex":
{"s001":"\u7537","s002":"\u5973","s003":"\u5973","s004":"\u7537","s005":"\u7537","s006":"\u5973","s00
7":"\u7537","s008":"\u7537","s009":"\u5973","s010":"\u5973"},"Ca":
{"s001":2.19,"s002":2.31,"s003":2.33,"s004":2.54,"s005":2.37,"s006":2.11,"s007":2.54,"s008":2.51,"s009":2.4
3,"s010":2.53},"Zn":
{"s001":15.74,"s002":15.91,"s003":17.6,"s004":15.58,"s005":12.41,"s006":12.26,"s007":17.64,"s008":11.64,"s
009":10.94,"s010":14.39},"Fe":
{"s001":17.33,"s002":30.73,"s003":15.33,"s004":12.7,"s005":13.91,"s006":20.67,"s007":17.45,"s008":28.51,"s
009":28.29,"s010":19.93},"Cu":
{"s001":17.14,"s002":22.09,"s003":20.18,"s004":16.97,"s005":15.07,"s006":18.79,"s007":22.38,"s008":15.18,"
s009":19.84,"s010":22.6},"P":
{"s001":0.98,"s002":1.31,"s003":1.22,"s004":1.36,"s005":1.37,"s006":1.34,"s007":0.93,"s008":0.9,"s009":1.11,
"s010":1.39}}
第 1 行，第 1 列    100%    Windows (CRLF)    UTF-8
```

图 8-6　blood.json 文件内容

【例 8-54】从 blood.json 文件中导入数据。

```
In [1]: df4 = pd.read_json('blood.json')
   ...: df4
Out[1]:
              name   sex   Ca     Zn     Fe     Cu     P
      s001    Simon   男   2.19  15.74  17.33  17.14  0.98
      s002      Joy   女   2.31  15.91  30.73  22.09  1.31
      s003    Cathy   女   2.33  17.60  15.33  20.18  1.22
      s004    Colin   男   2.54  15.58  12.70  16.97  1.36
      s005     Evan   男   2.37  12.41  13.91  15.07  1.37
```

```
     s006   Lena   女  2.11  12.26  20.67  18.79  1.34
     s007   Barry  男  2.54  17.64  17.45  22.38  0.93
     s008   Bart   男  2.51  11.64  28.51  15.18  0.90
     s009   Ellie  女  2.43  10.94  28.29  19.84  1.11
     s010   Riley  女  2.53  14.39  19.93  22.60  1.39
```

8.2.4 数据分析

1. 基本统计分析

基本统计分析又称为描述性统计分析，是用来概括、表述事物整体状况，以及事物间关联、类属关系的统计方法。通过一些统计值可以描述一组数据的集中趋势和离散程度等分布状态，常用指标有平均值、分位数（上界数值、上四分位数、中位数、下四分位数、下界数值）、标准差、方差等。

Pandas 中常用的统计分析方法如表 8-10 所示。

表 8-10　Pandas 中常用的统计分析方法

方法	说明	方法	说明
describe( )	一次产生多个汇总统计	std( )	标准差
min( )	最小值	cov( )	协方差
max( )	最大值	count( )	非空元素的数量
mean( )	均值	cumsum( )	累计和
sum( )	和	cumprod( )	累计积
median( )	中位数	skew( )	样本偏度
quantile( )	四分位数	kurt( )	样本峰值
var( )	方差	mode( )	众数

使用上述方法时，通过设置 axis 参数的值指定统计时轴的方向，axis=0 时，按列的方向统计；axis=1 时，按行的方向统计。下面通过案例演示 mean( )、max( )和 sum( )方法的使用，其他方法的使用类似。

【例 8-55】 blood.csv 文件中记录了 10 个人的血液中 Ca、Zn、Fe、Cu、P 这 5 种元素的含量（纯数据，不考虑其实际意义），请导入其中的所有数据，统计各元素含量的最高值、平均值，以及 5 种元素含量的和。

```
In [1]: import pandas as pd
   ...: dfblood = pd.read_csv('blood.csv',index_col=0)
   ...: print(dfblood)
Out[1]:
           name   sex  Ca    Zn     Fe     Cu     P
     s001  Simon  男  2.19  15.74  17.33  17.14  0.98
     s002   Joy   女  2.31  15.91  30.73  22.09  1.31
     s003  Cathy  女  2.33  17.60  15.33  20.18  1.22
     s004  Colin  男  2.54  15.58  12.70  16.97  1.36
     s005   Evan  男  2.37  12.41  13.91  15.07  1.37
     s006   Lena  女  2.11  12.26  20.67  18.79  1.34
     s007  Barry  男  2.54  17.64  17.45  22.38  0.93
     s008   Bart  男  2.51  11.64  28.51  15.18  0.90
     s009  Ellie  女  2.43  10.94  28.29  19.84  1.11
     s010  Riley  女  2.53  14.39  19.93  22.60  1.39
```

```
In [2]: dfblood.mean()           #统计各元素含量的平均值
Out[2]:
        Ca     2.386
        Zn    14.411
        Fe    20.485
        Cu    19.024
        P      1.191
        dtype: float64

In [3]: dfblood.max()            #统计各元素含量的最大值
Out[3]:
        name    Simon
        sex         男
        Ca       2.54
        Zn      17.64
        Fe      30.73
        Cu       22.6
        P        1.39
        dtype: object

In [4]: dfblood.sum(axis = 1)       #计算 5 种元素含量的和
Out[4]:
        s001    53.38
        s002    72.35
        s003    56.66
        s004    49.15
        s005    45.13
        s006    55.17
        s007    60.94
        s008    58.74
        s009    62.61
        s010    60.84
        dtype: float64
```

此外，使用 describe( )方法可以对每个数值型列进行统计，同时返回均值、标准差、最大值、最小值、分位数等。

【例 8-56】使用 describe( )对例 8-55 中的 DataFrame 对象 dfblood 进行统计。

```
In [1]: dfblood.describe()        #查看所有列的基本统计
Out[1]:
              Ca         Zn         Fe         Cu          P
count  10.000000  10.000000  10.000000  10.000000  10.000000
mean    2.386000  14.411000  20.485000  19.024000   1.191000
std     0.152476   2.457042   6.499547   2.861364   0.194733
min     2.110000  10.940000  12.700000  15.070000   0.900000
25%     2.315000  12.297500  15.830000  17.012500   1.012500
50%     2.400000  14.985000  18.690000  19.315000   1.265000
75%     2.525000  15.867500  26.385000  21.612500   1.355000
max     2.540000  17.640000  30.730000  22.600000   1.390000

In [2]: dfblood['Ca'].describe()        #查看"Ca"元素列的基本统计信息
Out[2]:
count    10.000000
mean      2.386000
std       0.152476
min       2.110000
25%       2.315000
50%       2.400000
```

```
        75%       2.525000
        max       2.540000
        Name: Ca, dtype: float64
```

2．分组统计

分组统计是指先根据某个或者某几个字段对数据集进行分组，将待分析的数据集对象划分成不同的部分，再对不同的部分分别进行统计（也称为聚合运算）。Pandas 提供了一个高效的分组方法，即 groupy( )方法，再配合 agg( )聚合方法，可以实现对数据的分组聚合操作。

groupy( )方法实现分组统计的操作过程分为以下 3 个阶段。

（1）将数据集分组。

（2）使用计算函数对每一组进行统计计算。

（3）将计算得到的数据合并成一个新的对象。

groupy( )和 agg( )方法配合使用的基本格式如下。

```
    df.groupby(by = ['分类1', '分类2', …])['被统计的列'].agg({列别名1:统计函数1, 列别名2:统计函数2,…})
```

参数说明如下。

- by：指定用于分组的列。
- ['被统计的列']：指定用于统计的列。
- .agg( )：“列别名”用于显示统计值的名称，“统计函数”用于统计数据，常用的统计函数有 count( )、sum( )、min( )、max( )、media( )、std( )、var( )、size( )等。

【例 8-57】导入 blood.csv 文件中的所有数据，根据 sex 分组，并进行统计。

```
In [1]: import pandas as pd
   ...: dfblood = pd.read_csv('blood.csv',index_col=0)
   ...: print(dfblood)
Out[1]:
            name   sex  Ca     Zn     Fe     Cu     P
      s001  Simon   男  2.19  15.74  17.33  17.14  0.98
      s002    Joy   女  2.31  15.91  30.73  22.09  1.31
      s003  Cathy   女  2.33  17.60  15.33  20.18  1.22
      s004  Colin   男  2.54  15.58  12.70  16.97  1.36
      s005   Evan   男  2.37  12.41  13.91  15.07  1.37
      s006   Lena   女  2.11  12.26  20.67  18.79  1.34
      s007  Barry   男  2.54  17.64  17.45  22.38  0.93
      s008   Bart   男  2.51  11.64  28.51  15.18  0.90
      s009  Ellie   女  2.43  10.94  28.29  19.84  1.11
      s010  Riley   女  2.53  14.39  19.93  22.60  1.39

In [2]: dfblood.groupby('sex').mean()
Out[2]:
            Ca      Zn      Fe     Cu      P
      sex
      女   2.342  14.220  22.99  20.700  1.274
      男   2.430  14.602  17.98  17.348  1.108

In [3]: dfblood.groupby('sex').std()
Out[3]:
              Ca        Zn        Fe        Cu         P
      sex
      女   0.156589  2.688373  6.352543  1.596888  0.110589
```

```
        男    0.151493  2.502962  6.245550  2.974755  0.236368
```

groupy( )方法可以将列名直接当作分组对象。这时，数值类型的列会被聚合，非数值类型的列会从结果中排除。当要对多个字段进行分组时，参数 by 需要使用列表类型数据。

当同时使用多个统计函数，并用别名显示统计值时，可以使用 agg( )函数。如果需要更换列名，可以使用 rename( )方法来更名，其数据类型为字典。

【例 8-58】blooderea.csv 文件中记录了 10 个人的血液中 Ca、Zn、Fe、Cu、P 这 5 种元素的含量（纯数据，不考虑其实际意义），还包含人员居住地区信息。请导入其中的所有数据，根据 sex、area 分组，并对其中的 Ca、Zn 两列进行统计。

```
In [1]: import pandas as pd
   ...: dfbloodarea = pd.read_csv('bloodarea.csv',index_col=0)
   ...: print(dfbloodarea)
Out[1]:
              name   sex  Ca     Zn     Fe     Cu     P    area
        s001  Simon  男   2.19  15.74  17.33  17.14  0.98   A
        s002   Joy   女   2.31  15.91  30.73  22.09  1.31   A
        s003  Cathy  女   2.33  17.60  15.33  20.18  1.22   A
        s004  Colin  男   2.54  15.58  12.70  16.97  1.36   A
        s005   Evan  男   2.37  12.41  13.91  15.07  1.37   A
        s006   Lena  女   2.11  12.26  20.67  18.79  1.34   B
        s007  Barry  男   2.54  17.64  17.45  22.38  0.93   B
        s008   Bart  男   2.51  11.64  28.51  15.18  0.90   B
        s009  Ellie  女   2.43  10.94  28.29  19.84  1.11   B
        s010  Riley  女   2.53  14.39  19.93  22.60  1.39   B

In [2]:
dfbloodarea.groupby(by=['sex','area'])['Ca','Zn'].agg([np.mean,np.std]). rename
({'mean':'平均值','std':'标准差'})
Out[2]:
                     Ca                  Zn
                   mean       std       mean       std
        sex area
        女   A     2.320000  0.014142  16.755000  1.195010
            B     2.356667  0.219393  12.530000  1.740776
        男   A     2.366667  0.175024  14.576667  1.878093
            B     2.525000  0.021213  14.640000  4.242641
```

本章实践

1. 请对给定的数据文件“processdata.xlsx”中的数据进行处理分析，要求如下：

（1）对数据进行清洗，空值用平均值替换；

（2）对整个班级数据做统计性描述分析；

（3）对全班计算各科平均分；

（4）对全班男女做分组分析。

2. 请根据给定的数据文件“Personal_Information.csv”中的数据进行处理分析，该文件采集了 307 名人员的基本信息及幸福指数，数据处理分析的要求如下：

（1）对数据进行清洗，将幸福指数（HappinessLevel）列为 None 和空的数据行删除；

（2）喜欢排球（LikeVolleyball）和喜欢乒乓球（LikeTableTennis）两列的值应为'FALSE'、'None'、

'TRUE'，若是其他值，则用'None'替换；

（3）增加身高体重指数（BMI）列，根据身高（Height）和体重（Weight）列计算 BMI 的值，计算公式为 BMI(kg/m^2)=体重(kg)/身高(m)^2；

（4）增加胖瘦程度（fatness）列，判断人体胖瘦程度规则：正常体型的 BMI 值为 18.5～23.9，若 BMI 值小于 18.5 为偏瘦，BMI 值在 24～27.9 属于超重，BMI 值大于等于 28 则属于肥胖；

（5）根据胖瘦程度进行分组，对幸福指数进行统计分析；

（6）根据省份进行分组，对幸福指数和 BMI 进行统计分析。

第9章 数据可视化

本章知识点导图

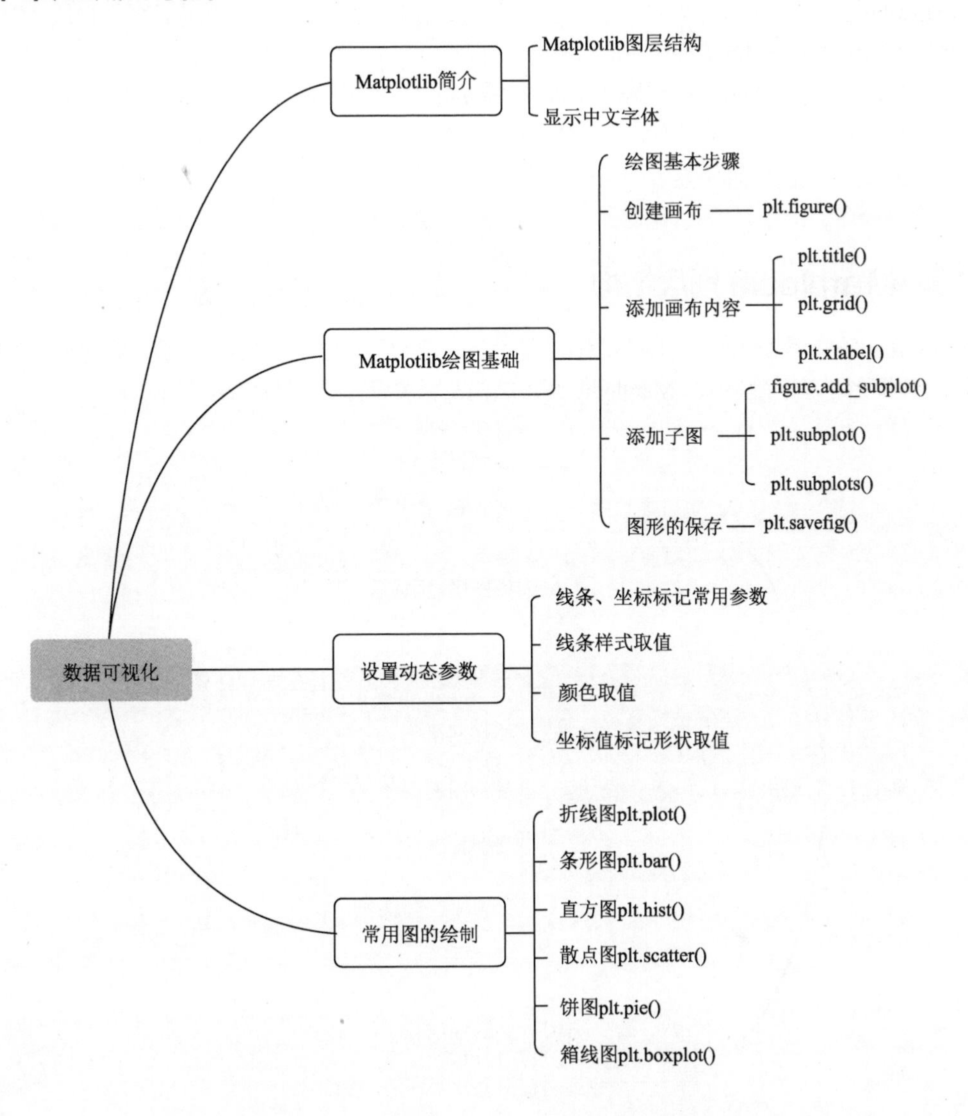

数据可视化是指将数据转换为图形或表格，以此向用户更加清晰、形象地传递数据所包含的信息，是展现数据的重要手段。数据可视化是数据分析中的一部分，对数据的分析离不开数据可视化。Python 有多种可视化工具，常用的 Python 可视化库有 Matplotlib、seaborn、pyecharts、Plotly 等，这里主要介绍 Matplotlib 库的应用。

9.1 Matplotlib 简介

Matplotlib 是基于 NumPy 的二维绘图库，是 Python 应用较广的绘图工具包之一。Matplotlib 支持各种平台，功能强大，简单易用，仅需要几行代码便可以生成直方图、折线图、条形图、饼图、散点图、雷达图等图表。通过调节绘图函数的参数，可以简单地实现图形的定制，因而在科学计算领域得到了广泛应用，是计算结果可视化的重要工具。

Matplotlib 有多个子模块，其中 Pyplot 子模块主要用于数据图形，是应用最广的子模块。因此，本书重点介绍 Pyplot 子模块的应用。

使用 Matplotlib 及 Matplotlib 中的子库时，需先导入，使用 as 将 mpl、plt 分别作为 matplotlib、matplotlib.pyplot 的别名。常用的导入 Matplotlib 及其 Pyplot 模块的命令分别如下。

```
import matplotlib as mpl
import matplotlib. pyplot as plt
```

9.1.1 Matplotlib 图层结构

使用 Matplotlib 绘制的图形包含容器层、辅助显示层和图像层。绘图时，必须按照这个顺序来展示数据，否则图形不会正确显示。Matplotlib 图形结构及相关设置函数如图 9-1 所示。

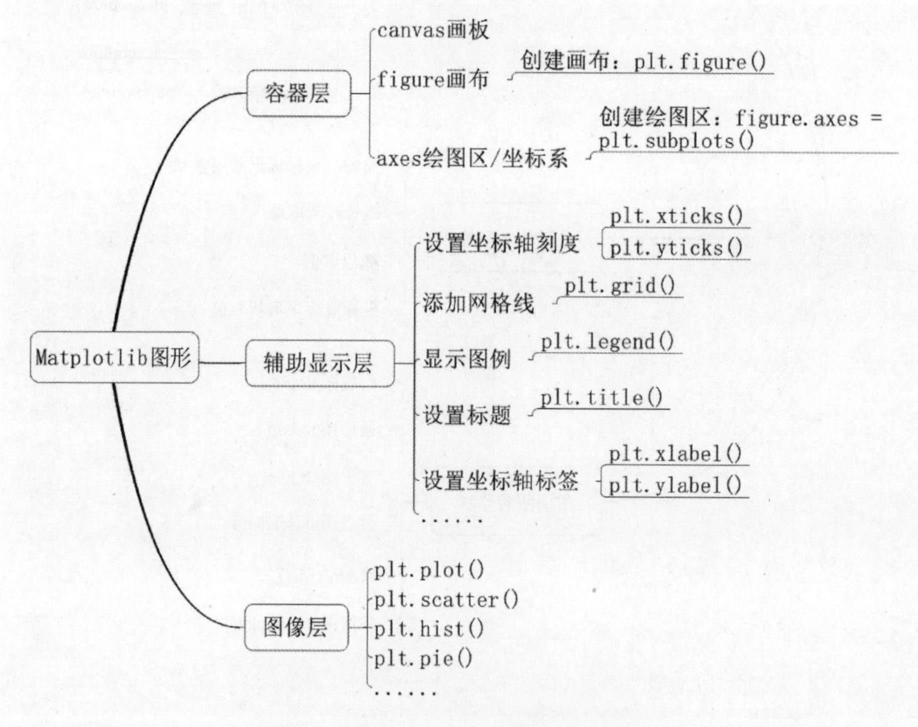

图 9-1　Matplotlib 图形结构及相关设置函数

1．容器层

容器层主要由Canvas对象（画板）、Figure对象（画布）、Axes对象（绘图区/坐标系）组成。

（1）Canvas是最底层，相当于画板，是放置画布（Figure对象）的工具，Canvas对象无须用户创建。

（2）Figure在Canvas之上，相当于画布，它可以包含多个图表，使用plt.figure( )函数创建。

（3）Axes位于Figure之上，是指Figure对象中的单个图表，一个Figure对象中可以有一个或多个Axes对象，即一张画布中可以有一个或多个图表。Axes对象充当画布中绘图区域的角色，它拥有独立的坐标系，可以通过plt.subplot( )函数来分割画布，得到若干个坐标系/绘图区。

Canvas对象、Figure对象、Axes对象的层次关系如图9-2所示。

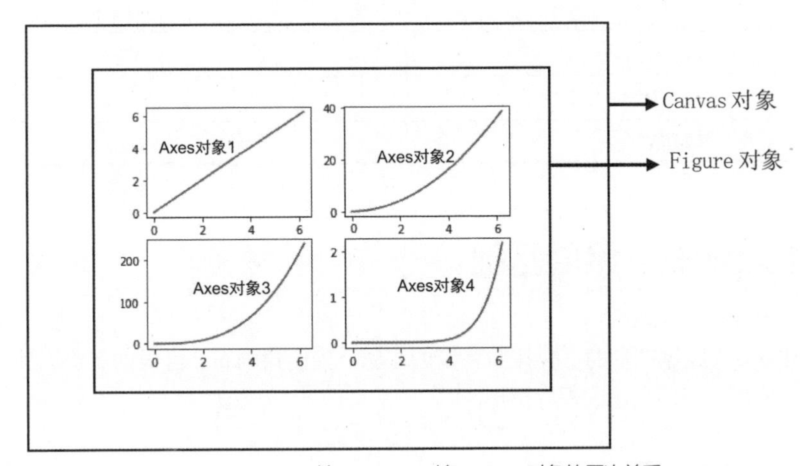

图9-2　Canvas对象、Figure对象、Axes对象的层次关系

2．辅助显示层

辅助显示层是指Axes对象中除所绘图形之外的、为图形增加相关显示和描述功能的辅助元素，主要包括x轴和y轴刻度、坐标轴标题、图形标题、图形网格线、图例等。

通过对该层的设置，可以提高图形的可读性，使图像显示更加直观，更容易被用户理解，但又不会对图像本身产生实质的影响。

3．图像层

图像层是指在Axes对象内，使用绘图函数绘制出的图像，如折线图、散点图、饼图等。

图像层和辅助显示层所包含的内容都位于Axes对象之上，都属于图表的元素。

9.1.2 显示中文字体

Matplotlib是英文库，默认不支持中文字符的显示，无法正常显示中文及一些符号。为了在Matplotlib中正常显示中文，需要修改Matplotlib的rc配置文件，代码如下。

```
import matplotlib.pyplot as plt
plt.rcParams['font.family']='Microsoft YaHei'
plt.rcParams['font.sans-serif']=['Microsoft YaHei']
plt.rcParams['font.size']=16
```

其中，rcParams表示rc配置文件参数，参数font.family表示字体类型，font.sans-serif表示无衬线字体类型，font.size表示字号，“Microsoft YaHei”为微软雅黑字体，表9-1列出了常用中文字体的中英文对照。

表 9-1　常用中文字体的中英文对照

中文字体名称	字体英文对照
宋体	SimSun
黑体	SimHei
微软雅黑	Microsoft YaHei
仿宋	FangSong
楷体	KaiTi
隶书	LiSu
幼圆	YouYuan
华文细黑	STXihei
华文楷体	STKaiti
华文仿宋	STFangsong

9.2 Matplotlib 绘图基础

使用 Matplotlib 库绘制图形时，要按照一定的步骤，先创建画布，再根据需要添加子图、绘制图形、添加画布内容等，最后显示或保存图形。

9.2.1 绘图基本步骤

使用 Matplotlib 模块绘图的基本步骤如下。

（1）导入库。

（2）创建画布对象。

```
fig = plt.figure()
```

在绘制图形之前，需创建一个空白画布，Pyplot 子模块使用 plt.figure( )创建空白画布对象。若只在画布上创建一个图形，可以不显式使用 plt.figure( )，直接使用 Pyplot 子模块默认创建的 Figure 对象即可。若要在画布上创建多个图形，则必须使用 plt.figure( )命令显式创建画布，将画布划分成多个部分，然后逐个添加子图。

（3）准备绘图数据，可以从文件读取数据，也可以使用函数生成数据，或者通过计算得到数据。

（4）设置坐标轴的大小、刻度、上下限，也可以直接使用默认值。

（5）调用绘图函数绘制图形。比如，plot(x,y)函数可以绘制折线图，其中 x 为数据点的 *x* 轴坐标序列，y 为数据点的 *y* 轴的坐标序列。可以同时设置坐标轴刻度、线条的样式、颜色等图形参数，也可以直接使用默认值。matplotlib.pyplot 子模块绘制基础图形的函数如表 9-2 所示。

表 9-2　matplotlib.pyplot 子模块绘制基础图形的函数

函数	说明
plt.plot(x,y, linestyle,color,**kwargs)	绘制折线图
plt.scatter(x,y,s,c)	绘制散点图

续表

函数	说明
plt.hist(x,bins,normed)	绘制直方图
plt.pie(x,lables,explode)	绘制饼图
plt.polar(theta,r)	绘制极坐标图
plt.boxplot(data,notch,position)	绘制箱线图
plt.bar(left,width,bottom)	绘制条形图
plt.barh(bottom,width,height,left)	绘制横向条形图
plt.step(x,y,where)	绘制步阶图
plt.specgram(x,NFFT=256,pad_to,F)	绘制谱图
plt.stem(x,y,linefmt,markerfmt,basefmt)	绘制曲线每个点到水平轴线的垂线

（6）添加图形注释，包含图名、坐标轴名称、图例、文字说明等，也可以使用默认值。

（7）使用 plt.show( )显示图形。

下面的代码使用 Matplotlib 绘制简单折线图。

```
In [1]: import matplotlib.pyplot as plt
   ...: plt.rcParams['font.family']='Microsoft YaHei'
   ...: plt.rcParams['font.sans-serif']=['Microsoft YaHei']
   ...: fig = plt.figure()          #创建画布
   ...:                             #定义绘图数据
   ...: x = [1,2,3,4,5,6,7,8,9]
   ...: y = [4,8,9,7,8,12,23,24,30]
   ...: plt.xlabel('x 轴')          #设置 x 轴名称
   ...: plt.ylabel('y 轴')          #设置 y 轴名称
   ...: plt.grid()                  #显示网格线
   ...: plt.title("plot 函数绘制折线图示例")  #设置图形标题
   ...: plt.plot(x,y)               #使用 plot()函数绘制图形
   ...: plt.show()                  #显示图形
```

运行结果如图 9-3 所示。

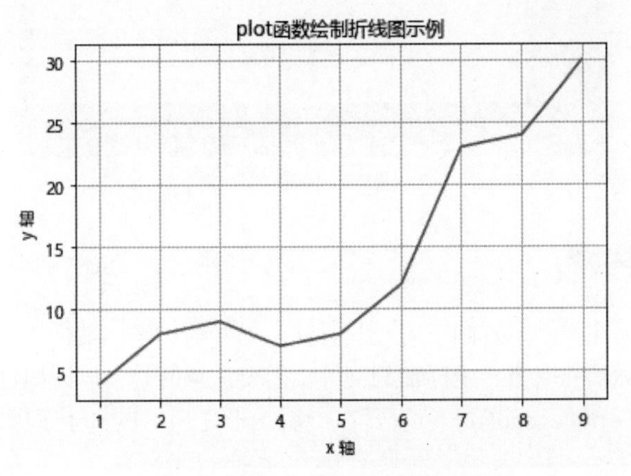

图 9-3 使用 plot()绘制的折线图示例

9.2.2 创建画布

画布是一个 Figure 对象，使用 figure( )函数创建。Figure 对象代表新的绘图区域，并为当前的绘图对象。figure( )函数的基本格式如下。

```
    plt.figure(num=None, figsize=None, dpi=None, facecolor=None, edgecolor=None, clear=False)
```

参数说明如下。

- num：Figure 对象的编号，可选，默认由系统自动分配。如果当前 num 的 Figure 对象已经存在，那么激活该 Figure 对象并引用，否则生成一个新的 Figure 对象。
- figsize：设置画布的尺寸，以英寸（inch）为单位，默认值为(6.4, 4.8)。
- dpi：设置图像分辨率，默认值为 100（单位：像素）。
- facecolor：设置画布背景颜色。
- edgecolor：设置画布边框颜色。
- clear：如果 num 代表的 Figure 对象已经存在，该参数用于设置是否要将该画布清空。

【**例 9-1**】创建一个尺寸为 4 英寸 × 3 英寸的画布，分辨率为 100（单位：像素），背景颜色为灰色，边框颜色为黑色。

```
    In [1]: import matplotlib.pyplot as plt
       ...: plt.figure(figsize=(4,3), dpi=100, facecolor='gray', edgecolor='white')
#创建画布
       ...: plt.plot()
       ...: plt.show()
```

上述代码运行后，画布效果如图 9-4 所示。

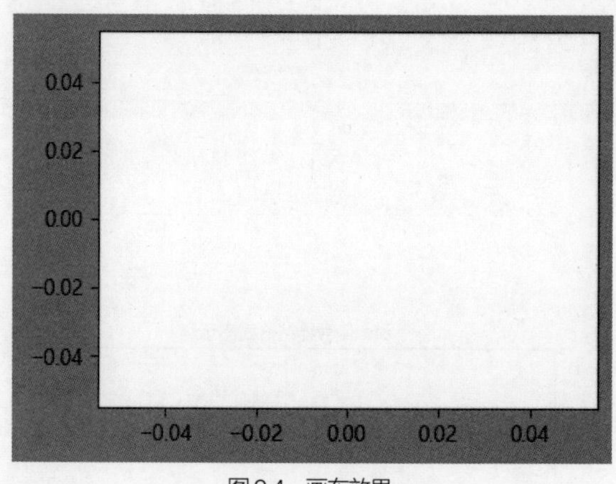

图 9-4 画布效果

9.2.3 添加画布内容

为了提高图形的可读性，可设置画布的一些属性，如标题、坐标轴标签、坐标轴名称、网格线、图例等，还可以设置坐标轴的取值、坐标轴刻度等。需要注意的是，设置属性和绘制图形是没有先后顺序的，唯独添加图例（plt.legend( )）必须要在绘制图形之后。Pyplot 子模块常用属性设置函数如表 9-3 所示。

表 9-3 Pyplot 子模块常用属性设置函数

函数	说明
plt.title( )	设置标题，指定标题名称、位置、颜色、字号等参数
plt.grid( )	设置网格线，可以设置网格线的颜色、样式、粗细等
plt.text(x,y,s,fontdic)	在坐标(x,y)处添加文本注释
plt.legend(array,loc)	添加图例
plt.xlabel( )	设置当前 x 轴标签，可以指定位置、颜色、字体等参数
plt.ylabel( )	设置当前 y 轴标签，可以指定位置、颜色、字体等参数
plt.xlim(xmin,xmax)	设置当前 x 轴取值范围
plt.ylim(ymin,ymax)	设置当前 y 轴取值范围
plt.xtick(ticks,labels)	设置当前 x 轴刻度位置的标签和取值
plt.ytick(ticks,labels)	设置当前 y 轴刻度位置的标签和取值
plt.xscale( )	设置 x 轴缩放
plt.yscale( )	设置 y 轴缩放
plt.autoscale( )	轴视图自动缩放

在表 9-3 所示的属性设置函数中，均可以使用参数 loc 来指定位置、参数 color 来指定颜色、参数 fontsize 来指定字号。

plt.grid( )函数常用参数的含义如下。

- b：是否显示网格线，布尔值，可选参数。
- which：设置网格线显示的尺度，可选参数，取值范围为'major'、'minor'或'both'，其中'major'为主刻度、'minor'为次刻度。默认为'both'，即主刻度和次刻度均显示。
- axis：设置网格线显示的轴，可选参数，取值范围为'both'、'x'或'y'。默认为'both'，表示 x 轴和 y 轴均显示。
- linestyle：设置网格线的样式，可选的样式有'-'、'--'、'-.'、':'。默认为'-' 。
- linewidth：设置网格线的宽度。

plt.legend( )添加图例函数中的 loc 参数有以下几种取值（可以是整数或字符串）。

0: 'best'	6: 'center left'
1: 'upper right'	7: 'center right'
2: 'upper left'	8: 'lower center'
3: 'lower left'	9: 'upper center'
4: 'lower right'	10: 'center'
5: 'right'	

【例 9-2】绘制身高年龄对照和身高体重对照的曲线图形，并设置图形的属性。

```
In [1]: import matplotlib.pyplot as plt
   ...: plt.figure()
   ...: age = [1,2,3,4,5,6,7,8,9,10]
   ...: height = [75.0,87.2,95.6,103.1,110.2,116.6,122.5,128.5,134.1,140.1]
   ...: weight = [10.05,12.54,14.65,16.64,18.98,21.26,24.06,16.64,27.33,30.46]
   ...: plt.title("年龄身高对照图",loc="center",fontsize = 16)
   ...: plt.xlim(0,12)
   ...: plt.ylim(0,160)
   ...: plt.xticks([1,2,3,4,5,6,7,8,9,10,11,12],fontsize = 14)
   ...: plt.yticks([20,40,60,80,100,120,140,160],fontsize = 14)
   ...: plt.xlabel("年龄/岁",fontsize = 14)
```

```
    ...: plt.ylabel("身高/cm 或体重/kg",fontsize = 14)
    ...: plt.grid(which='major')
    ...: plt.plot(age,height)
    ...: plt.plot(age,weight)
    ...: plt.legend(["age-height",'age-weight'],fontsize = 12,loc = 'upper left')
    ...: plt.show()
```

运行结果如图 9-5 所示。

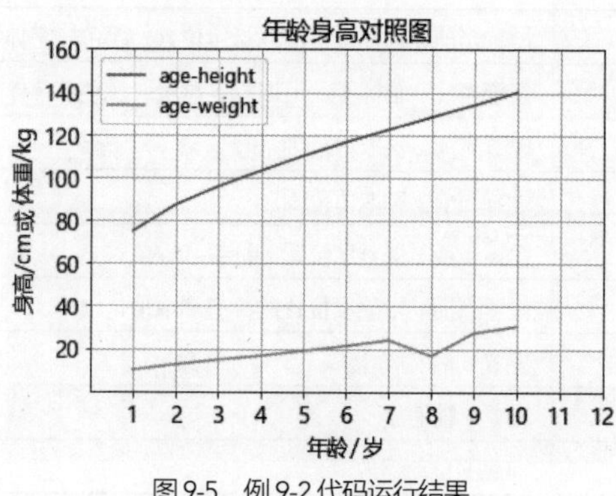

图 9-5　例 9-2 代码运行结果

9.2.4 添加子图

在 Matplotlib 中，可以将画布划分成多个部分，在不同的部分添加子图。也就是说，可以将 Figure 对象的整个绘图区域划分为若干个子绘图区域，每个子绘图区域中都包含一个子图 Axes 对象，每个子图 Axes 对象都有独立的坐标系。

Matplotlib 创建子图及子图相关函数如表 9-4 所示。

表 9-4　Matplotlib 创建子图及子图相关函数

函数	说明
figure.add_subplot(nrows,ncols,plotnum)	在全局绘图区域中创建并选中一个子图对象。 nrows：绘图区域中子图的行数。 ncols：绘图区域中子图的列数。 plotnum：当前子图的编号
plt.subplot(nrows,ncols,plotnum)	与 figure.add_subplot( )类似，但使用 subplot( )会删除画板上已有的图
plt.subplot(nrows,ncols)	划分画布，创建一组子图，将整个绘图区域划分成 nrows 行 ncols 列个子图
plt.subplots_adjust(wspace=0,hspace=0)	调整子图的间距。 wspace：设置子图之间空间的宽度。 hspace：设置子图之间空间的高度

使用 figure.add_subplot( )、plt.subplot( )、plt.subplot( )函数创建子图，都会将全局绘图区域分成 nrows 行 ncols 列个子图，不同的是 figure.add_subplot( )和 plt.subplot( )函数一次只添加一个子图，而 plt.subplot( )函数会同时创建多个子图。

将全局绘图区域分成 nrows 行 ncols 列个子图后，会按照从左到右、从上至下的顺序对每个区域进行编号，左上的子绘图区域编号为 1，plotnum 参数指定创建的子图 Axes 对象所在区域的编号。例如，figure.add_subplot(2,3,4)或 plt.subplot(2,3,4)可以将整个绘图区域划分成 2 行 3 列共 6 个子绘图区域，如图 9-6 所示，4 代表其中的 4 号区域。

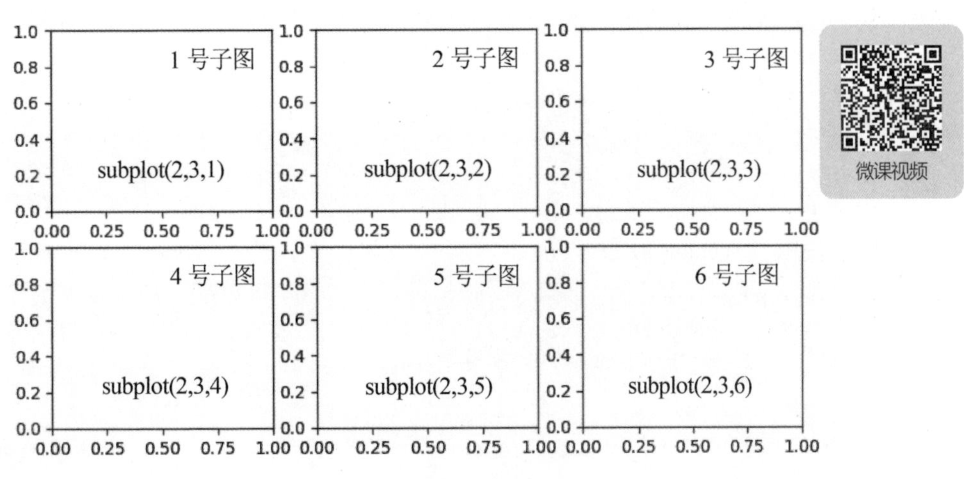

图 9-6　Figure 对象子区域划分

figure.add_subplot(2,3,4)和 plt.subplot(2,3,4)也可以分别写成 figure.add_subplot(234)和 plt.subplot(234)。

若要在子图上绘图和添加图例、标题、坐标轴标签、设置取值范围等，可使用的相关函数如表 9-5 所示。

表 9-5　Pyplot 子模块绘制图形常用属性设置函数

函数	说明
axes.plot( )	在当前子绘图区域绘制折线图
axes.legend( )	为当前子图添加图形图例
axes.set_title( )	为当前子图添加图形标题
axes.set_xlabel( )	设置当前子图 *x* 轴标签
axes.set_ylabel( )	设置当前子图 *y* 轴标签
axes.set_xlim( )	设置当前子图 *x* 轴取值范围
axes.set_xlim( )	设置当前子图 *y* 轴取值范围
axes.set_xticks ( )	设置当前子图 *x* 刻度位置的标签和取值
axes.set_yticks ( )	设置当前子图 *y* 刻度位置的标签和取值

【例 9-3】在同一张画布上，创建 2 行 2 列的子图，分别绘制 y=sin(x)、y=cos(x)、y=sin(5x)、y=cos(5x)在[0,2π]的图形。

方法 1：使用 figure.add_subplot( )函数。

```
In [1]: import matplotlib.pyplot as plt
   ...: import NumPy as np
   ...: x = np.linspace(0,2*np.pi,100)
   ...: y1 = np.sin(x)
   ...: y2 = np.cos(x)
   ...: y3 = np.sin(5*x)
   ...: y4=np.cos(5*x)
   ...: fig = plt.figure(figsize=(8,6))
   ...: ax1 = figure.add_subplot(2,2,1)
   ...: ax1.set_title('sin(x)')   #设置子图标题
   ...: ax1.plot(x,y1)
   ...: ax2 = figure.add_subplot(2,2,2)
   ...: ax2.set_title('cos(x)')   #设置子图标题
   ...: ax2.plot(x,y2)
```

```
   ...: ax3 = figure.add_subplot(2,2,3)
   ...: ax3.set_title('sin(5x)')        #设置子图标题
   ...: ax3.plot(x,y3)
   ...: ax4 = figure.add_subplot(2,2,4)
   ...: ax4.set_title('cos(5x)')        #设置子图标题
   ...: ax4.plot(x,y4)
   ...: plt.show()
```

方法 2：使用 plt.subplot( )函数。

```
In [1]: import matplotlib.pyplot as plt
   ...: import NumPy as np
   ...: x = np.linspace(0,2*np.pi,100)
   ...: y1 = np.sin(x)
   ...: y2 = np.cos(x)
   ...: y3 = np.sin(5*x)
   ...: y4 = np.cos(5*x)
   ...: fig = plt.figure(figsize=(8,6))
   ...: ax1 = plt.subplot(2,2,1)
   ...: ax1.set_title('sin(x)')         #设置子图标题
   ...: ax1.plot(x,y1)
   ...: ax2 = plt.subplot(2,2,2)
   ...: ax2.set_title('cos(x)')         #设置子图标题
   ...: ax2.plot(x,y2)
   ...: ax3 = plt.subplot(2,2,3)
   ...: ax3.set_title('sin(5x)')        #设置子图标题
   ...: ax3.plot(x,y3)
   ...: ax4 = plt.subplot(2,2,4)
   ...: ax4.set_title('cos(5x)')        #设置子图标题
   ...: ax4.plot(x,y4)
   ...: plt.show()
```

方法 1 和方法 2 的运行结果一样，如图 9-7 所示。

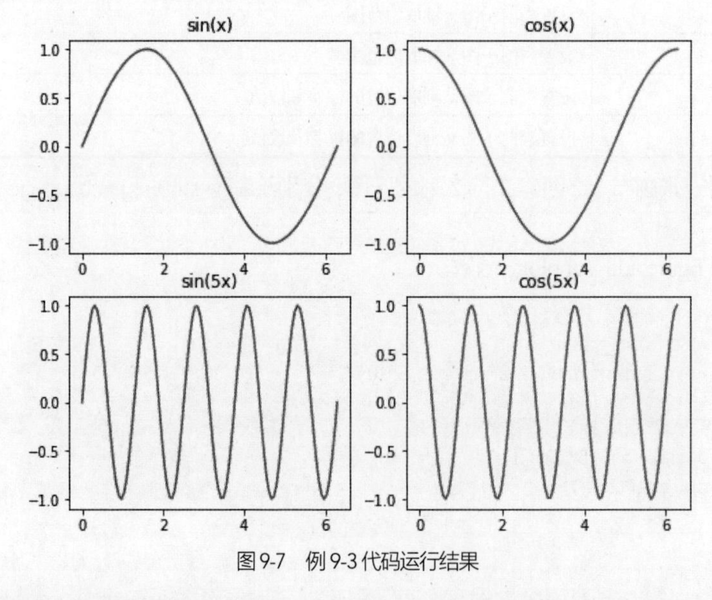

图 9-7　例 9-3 代码运行结果

若使用 plt.subplot( )函数划分画布并创建一组子图，可以使用语句“fig,axes = plt.subplots(2,3)”返回包含已生成子图 Axes 对象的 NumPy 数组。数组 axes 类似于二维数组进行索引，如 axes[1,2]。

【例 9-4】在同一张画布上，创建 2 行 3 列的子图，分别绘制 $y=x$、$y=x^2$、$y=x^3$、$y=x^4$、$y=x^5$、$y=x^6$

在[-2,2]的图形。

```
In [1]: import matplotlib.pyplot as plt
   ...: import numpy as np
   ...: fig,axes = plt.subplots(2,3,figsize=(8,6))
   ...: x = np.arange(-2,2,0.01)
   ...: n = 1                                          #n 表示子图编号
   ...: for i in range(2):
   ...:     for j in range(3):
   ...:         axes[i,j].plot(x,np.power(x,n))
   ...:         titletext = 'x^'+str(n)                #子图标题文本
   ...:         axes[i,j].set_title(titletext)         #设置子图标题
   ...:         n=n+1
   ...:
   ...: plt.subplots_adjust(wspace=0.3,hspace=0.3)
```

代码运行结果如图 9-8 所示。

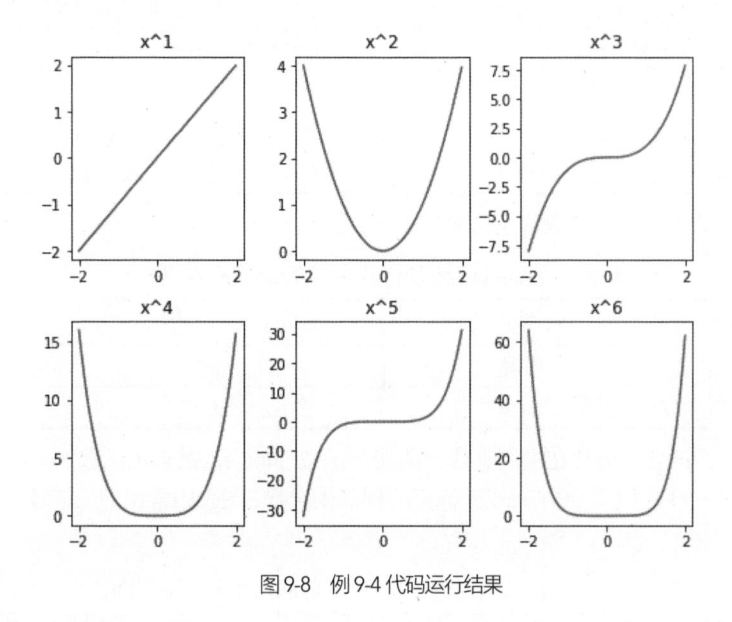

图 9-8 例 9-4 代码运行结果

9.2.5 图形的保存

使用 Matplotlib 库绘制的图形可以保存到本地计算机上。通常，使用 plt.savefig( ) 函数保存绘制的图形，同时可以设置图形的分辨率、边框颜色等参数，其基本格式如下。

```
savefig(filename, dpi, facecolor, edgecolor, format)
```

参数说明如下。

- filename：要保存的文件名或文件路径的字符串，文件的扩展名可以是.png、.pdf 等。
- dpi：图像分辨率，默认为 100（单位：像素）。
- facecolor、edgecolor：子图之外的图形背景和边框颜色，默认为白色。
- format：图形输出格式，支持的格式有 PDF、PNG、JPEG、JPG、SVG、SVGZ、TIF、TIFF 等。

例如，将例 9-4 生成的图片以文件名“x 的 n 次幂对比图”、分辨率为 200（单位：像素）、背景色为灰色保存到本地，代码如下。

```
plt.savefig('x 的 n 次幂对比图.png',dpi=200,facecolor='gray')
```

9.3 设置动态参数

在 Pyplot 模块中，可以使用 rc 配置文件来自定义图形的各种属性，称为 rc 配置或 rc 参数（rcParams），主要包括线条宽度、颜色、样式、坐标值标记的形状、大小等。rc 参数设置顺序不分先后。

线条和坐标值标记常用的 rc 参数名称、作用与取值如表 9-6 所示。

表 9-6 线条和坐标值标记常用参数及其作用

参数	作用	取值
linestyle	设置线条形状	“-” “--” “-.” “:” 4 种，默认为 “–”
linewidth	设置线条宽度	数值型数据，默认为 1.5
color	设置线条或数据点的颜色	颜色英文名称或英文简称或 RGB 颜色值
marker	设置坐标值标记形状	“o” “.” “*” 等几十种，默认为 None
markersize	设置标记的大小	数值型数据，默认为 1
markeredgewidth	设置标记边缘的宽度	数值型数据，默认为 1.5
markeredgecolor	设置标记边缘的颜色	颜色英文名称或英文简称或 RGB 颜色值
markerfacecolor	设置标记内部的颜色	颜色英文名称或英文简称或 RGB 颜色值

linestyle 线条样式参数的 4 种取值及含义如表 9-7 所示。

表 9-7 linestyle 线条样式参数的取值及含义

linestyle 参数取值	含义	linestyle 参数取值	含义
“-” 或 “solid”	实线	“-.” 或 “dashdot”	点画线
“--” 或 “dashed”	虚线	“:” 或 “dotted”	虚线

marker 坐标值标记形状通常在绘制直线、曲线图函数 plot( )，散点图函数 scatte( )和误差图函数 errorbar( )中应用，Pyplot 提供几十个 marker 标记的样式供选择，图表中常用的取值及标记说明如表 9-8 所示。

表 9-8 marker 坐标值标记形状参数的取值及标记说明

标记属性值	标记说明	标记属性值	标记说明
“o”	圆圈	“H” 或 “h”	六边形
“.”	圆点	“8”	八边形
“*”	星号	“V”	倒三角
“+”	加号	“Λ”	正三角
“x”	X	“<”	左三角
“_”	水平线	“>”	右三角
“|”	竖线	“1”	向下 Y
“s”	正方形	“2”	向上 Y
“D” 或 “d”	菱形	“3”	向左 Y
“p”	五边形	“4”	向右 Y

color 颜色参数常用的取值及颜色说明如表 9-9 所示。

表 9-9 color 颜色参数常用的取值及颜色说明

color 参数取值	颜色说明	color 参数取值	颜色说明
"b" 或 "blue"	蓝色	"m" 或 "magenta"	品红
"g" 或 "green"	绿色	"y" 或 "yellow"	黄色
"r" 或 "red"	红色	"k" 或 "black"	黑色
"c" 或 "cyan"	蓝绿色	"w" 或 "white"	白色

除了设置线条、坐标值标记的 rc 参数外，还可以设置文本、散点图、坐标轴标签、图例、图片、图像保存等 rc 参数。

设置 rc 参数的方法主要有以下 3 种。

方法 1：使用 rcParams 设置，示例如下。

```
plt.rcParams['lines.linestyle'] = '-.'
plt.rcParams['lines.color'] = 'g'
plt.rcParams['lines.marker'] = 'D'
```

方法 2：绘图函数内设置，示例如下。

```
plt.plot(x, y ,color='red', linestyle='--',linewidth = 2, marker='*' ,markersize=10)
```

方法 3：绘图函数内简化设置，将取值为符号类型的参数放在一个字符串内，不分先后顺序，数值类型的参数分别单独设置，示例如下。

```
plt.plot(x, y,'r*--',linewidth=2,markersize=15)
```

【例 9-5】使用 Pyplot 绘制三叶曲线方程 $x=\sin 3t\cos t, y=\sin 3t\sin t$ 在$[0,\pi]$的图形，分别使用上述 3 种方法设置线条和坐标值标记如下：虚线（--），宽度为 2，星号（*），大小为 15。

方法 1：使用 rcParams 设置。

```
In [1]: import matplotlib.pyplot as plt
   ...: import numpy as np
   ...: #定义数据
   ...: t = np.arange(0,np.pi,0.1)
   ...: x = np.sin(3*t)*np.cos(t)
   ...: y = np.sin(3*t)*np.sin(t)
   ...: #设置线条和坐标值标记的 rc 参数
   ...: plt.rcParams['lines.linestyle'] = '--'
   ...: plt.rcParams['lines.linewidth'] = 2
   ...: plt.rcParams['lines.marker'] = '*'
   ...: plt.rcParams['lines.markersize'] = '15'
   ...: plt.plot(x,y)
   ...: plt.show()
```

方法 2：绘图函数内设置。

```
In [1]: import matplotlib.pyplot as plt
   ...: import numpy as np
   ...: #定义数据
   ...: t = np.arange(0,np.pi,0.1)
   ...: x = np.sin(3*t)*np.cos(t)
   ...: y = np.sin(3*t)*np.sin(t)
   ...: #绘图，并设置 rc 参数
   ...: plt.plot(x,y,linewidth=2,linestyle='--',markersize=15, marker='*')
   ...: plt.show()
```

方法 3：绘图函数内简化设置。

```
In [1]: import matplotlib.pyplot as plt
   ...: import numpy as np
   ...: t = np.arange(0,np.pi,0.1)
   ...: x = np.sin(3*t)*np.cos(t)
   ...: y = np.sin(3*t)*np.sin(t)
   ...: #绘图，并设置 rc 参数
   ...: plt.plot(x,y,'*--',linewidth=2,markersize=15)
   ...: plt.show()
```

3 种方法的绘图结果均如图 9-9 所示。

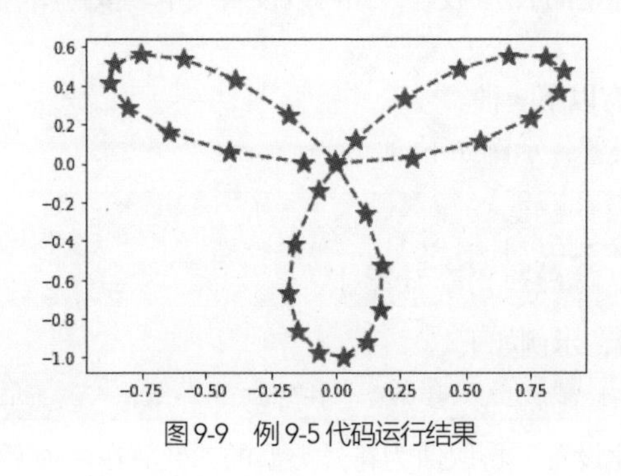

图9-9 例9-5代码运行结果

9.4 常用图的绘制

在数据可视化中，常用的图有折线图、条形图、直方图、散点图、饼图、箱线图等。

9.4.1 绘制折线图

折线图（Line Chart）是利用直线将数据点按照顺序连接起来所形成的图，通过折线图可以查看因变量 y 随着自变量 x 变化的趋势，以折线的上升或下降来表示统计数量的增减变化，能够显示数据的变化趋势，反映事物的变化情况。

使用 plt.plot( )函数绘制折线图和各种数学函数图形，其常用参数如表 9-10 所示。

表 9-10 plt.plot( )函数常用参数

参数名称	作用	说明
x,y	x 轴和 y 轴对应的数据	接收列表类型数据
linestyle	线条样式	取值见表 9-7
linewidth	线条宽度	数值型数据，默认为 1.5
color	线条颜色	常用取值见表 9-9
marker	坐标值标记形状	取值见表 9-8
markersize	设置标记大小	数值型数据，默认为 1
markeredgewidth	设置标记边缘宽度	数值型数据，默认为 1.5
markeredgecolor	设置标记边缘颜色	常用取值见表 9-9
markerfacecolor	设置标记内部颜色	常用取值见表 9-9
alpha	设置标记的透明度	0～1 的浮点数

【例 9-6】表 9-11 所示为 A、B 两个地区 1～12 月的降雨量（纯数据，不考虑其实际意义），请根据数据绘制降雨量对比折线图。

表 9-11 A、B 两个地区 1～12 月的降雨量

地区	月份											
	1	2	3	4	5	6	7	8	9	10	11	12
A	9.6	2.9	32.8	13.0	30.6	66.1	57.7	34.1	32.9	30.8	2.6	2.9
B	51.7	72.2	95.8	81.5	29.9	99.0	77.7	114.2	16.9	90.5	46.0	17.9

```
In [1]: import matplotlib.pyplot as plt
   ...: import numpy as np
   ...: plt.figure(figsize=(8,5))
   ...: x = np.arange(1,13,1)
   ...: yA = [9.6,2.9,32.8,13.0,30.6,66.1,57.7,34.1,32.9,0.8,2.6,2.9]
   ...: yB = [51.7,72.2,95.8,81.5,29.9,99.0,77.7,114.2,16.9,90.5,46.0,17.9]
   ...: plt.plot(x,yA,'r-.o',markersize = 10)          #绘制折线图
   ...: plt.plot(x,yB,'b-*',markersize = 10)           #绘制折线图
   ...: plt.title("A、B 两区降雨量对比图")
   ...: plt.xticks([1,2,3,4,5,6,7,8,9,10,11,12])
   ...: plt.xlabel("月份" )
   ...: plt.ylabel("降雨量", )
   ...: plt.legend(['A 区','B 区'],loc = 'upper right')
   ...: plt.show()
```

代码运行结果如图 9-10 所示。

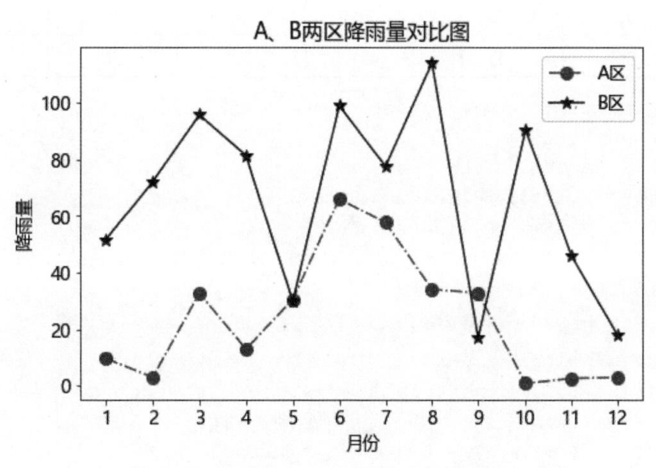

图 9-10 例 9-6 代码运行结果（折线图）

9.4.2 绘制条形图

条形图（Bar Chart）也称柱状图，是一种以长方形的长度为变量的统计图。根据条形图中长方形的长度能够看出各个数据的大小，比较数据之间的差别，通常用于较小的数据集的分析。按照排列方式的不同，可分为纵式条形图和横式条形图。

Pyplot 子模块使用 plt.bar( )函数绘制纵向条形图，其常用的参数如表 9-12 所示。

表 9-12　plt.bar( )函数常用参数

参数名称	作用	取值
x	x 轴坐标	接收列表类型数据
height	条形高度	数值型数据
width	条形宽度	0～1 的浮点数，默认为 0.8
botton	条形的起始位置	也是 y 轴的起始坐标
align	条形的中心位置	取值为'center'、'edge'（边缘），默认值为'center'
color	条形的颜色	常用取值见表 9-9
edgecolor	边框的颜色	常用取值见表 9-9
tick_label	下标的标签	元组或列表类型的字符组合
orientation	设置条形方向	取值为“vertical”表示竖直、“horizontal”表示水平，默认值为'vertical'竖直

使用 plt.bar( )绘制的条形图默认是竖直的，可以设置 orientation="horizontal"，并将 width 与 height 参数的数据交换，再添加 bottom=x 绘制水平方向的条形图，也可以使用 plt.barh( )函数绘制水平方向的条形图。

【例 9-7】表 9-13 所示是 A～G 这 7 个店铺某月份某商品的目标销售额和实际销售额数据。请根据表中数据绘制目标销售额和实际销售额的对比条形图。

表 9-13　A～G 这 7 个店铺某月份某商品的目标销售额和实际销售额　　　单位：万元

地区	店铺						
	A	B	C	D	E	F	G
目标销售额	40	38	50	30	40	30	53
实际销售额	36	42	48	32	36	31	58

```
In [1]: import matplotlib.pyplot as plt
   ...: import NumPy as np
   ...: x = np.arange(1,8,1)
   ...: target = [40,38,50,30,40,30,53]
   ...: asales = [36,42,48,32,36,31,58]
   ...: shopname = ['A店铺', 'B店铺','C店铺','D店铺','E店铺','F店铺','G店铺']
   ...: plt.figure()
   ...: bar_width = 0.3   #条形宽度
   ...: plt.bar(x,height = target,width=bar_width,color='r')#绘制条形图
   ...: plt.bar(x+0.35,height = asales,width=bar_width,color='y')
   ...: plt.title('各店铺目标销售额与实际销售额对比图')
   ...: plt.xlabel('店铺')
   ...: plt.ylabel('销售额/万元')
   ...: plt.xticks(np.arange(1,8,1),shopname)
   ...: plt.yticks(np.arange(10,90,10))
   ...: plt.ylim(0,80)
   ...: plt.legend(['目标销售额','实际销售额'])
   ...: plt.show()
```

代码运行结果如图 9-11 所示。

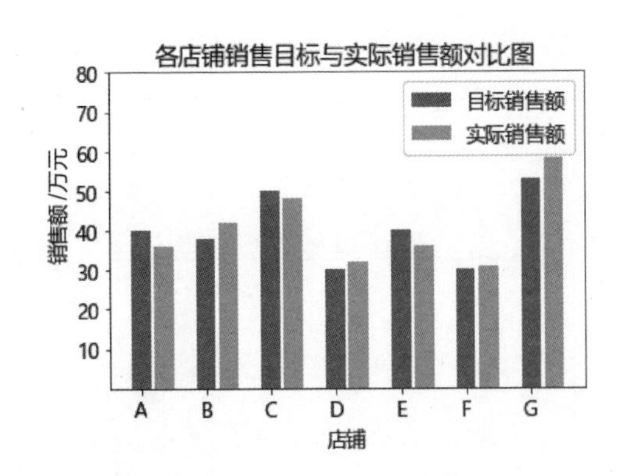

图9-11 例9-7代码运行结果（条形图）

9.4.3 绘制直方图

直方图（Histogram）也称质量分布图，其形状与条形图类似，是由一系列高度不等的纵向条纹或线段表示数据分布情况的统计图。两个坐标分别是统计样本和相应的某个属性的量，一般用横轴表示数据范围，纵轴表示分布情况。例如统计不同分数段人数分布情况，横轴表示分数的数据范围，纵轴表示人数。

Matplotlib.Pyplot 子模块使用 plt.hist( )函数绘制纵向直方图，其常用的参数如表 9-14 所示。

表 9-14 plt.hist( )函数常用参数

参数名称	作用	说明
x	绘图数据	接收列表类型数据
bins	直方图的柱数	整数、列表或一维数组等，默认为 10。 若设置为一个整数，则根据绘图数据自动划分；若设置为列表或一维数组，则根据其中的数据划分
facecolor	直方图颜色	常用取值见表 9-9
edgecolor	直方图边框颜色	常用取值见表 9-9
histtype	直方图类型	“bar”、“barstacked”、“step”、“stepfilled”
rwidth	条形宽度	浮点数
alpha	透明度	0～1 的浮点数

【例 9-8】下面是某课程 43 名学生的考试分数（单位：分），请根据考试分数绘制各分数段人数分布直方图。

78,70,69,88,88,73,81,91,96,79,78,67,79,82,86,67,95,64,84,85,76,64,75,69,86,90,98,78,85,87,90,86,75,85,63,79

```
In [1]: import matplotlib.mlab as mlab
   ...: import numpy as np
   ...: import matplotlib.pyplot as plt
   ...: partition = [0,10,20,30,40,50,60,70,80,90,100]   #划分成绩段
   ...: ages = [78,70,55,88,68,73,81,91,96,79,78,67,69,82,86,67,95,64,84,85,76,
58,75,69,86,90,98,78,85,77,90,76,75,85,63,79]
   ...: plt.hist(ages, bins=partition,facecolor = 'yellow',edgecolor = 'b' )
   #绘制直方图
   ...: plt.title('各分数段人数分布直方图')
   ...: plt.xticks(np.arange(0,120,10))
   ...: plt.xlabel('分数/分')
```

```
    ...: plt.ylabel('人数/人')
    ...: plt.show()
```

代码运行结果如图 9-12 所示。

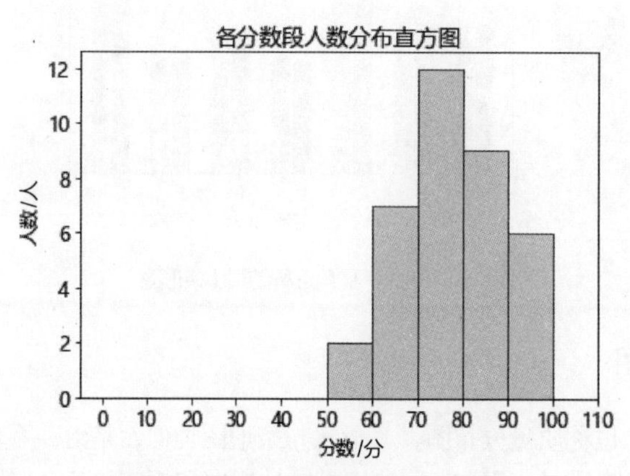

图 9-12　例 9-8 代码运行结果（直方图）

9.4.4　绘制散点图

散点图（Scatter Diagram）也称散点分布图，主要使用两组数据构成多个坐标点，通过坐标点的分布形态来反映两组数据之间的关系，判断两变量之间是否存在某种关联或总结坐标点的分布模式，展示离群点（异常点）。数据量越大，越能体现数据之间的关系。

Pyplot 子模块使用 plt.scatter( )函数绘制散点图，其常用的参数如表 9-15 所示。

表 9-15　plt.scatter( )函数常用参数

参数名称	作用	说明
x,y	*x* 轴和 *y* 轴对应的数据	接收列表类型数据
s	设置点的大小	整数、列表或一维数组等，默认为 10 。 若设置为一个整数，则表示所有点的大小；若传入列表或一维数组则表示每个点的大小
color	设置点的颜色	取值见表 9-9，可以是列表或一维数组等。若设置为一个颜色，则表示所有点的颜色相同；若传入列表或一维数组则表示每个点的颜色
marker	设置点的形状	取值见表 9-8
alpha	设置点的透明度	0～1 的浮点数

【例 9-9】生成 500 个均值为 100、标准差为 30 的随机点坐标，并根据点坐标数据绘制散点图。

```
In [1]: import matplotlib.pyplot as plt
    ...: import numpy as np
    ...: plt.figure(figsize=(8, 6), dpi=100)
    ...: #数据准备
    ...: mu = 100              #均值
    ...: sigma = 30            #标准差
    ...: x = mu + sigma * (np.random.randn(500))  #生成均值为mu，标准差为sigma，服从
正态分布的随机数
    ...: y = mu + sigma * (np.random.randn(500))
    ...: plt.scatter(x, y,color='r',marker = 'o',s=80,alpha = 0.4)  #绘制散点图
    ...: plt.grid()
```

```
   ...: plt.show()
```

代码运行结果如图 9-13 所示。

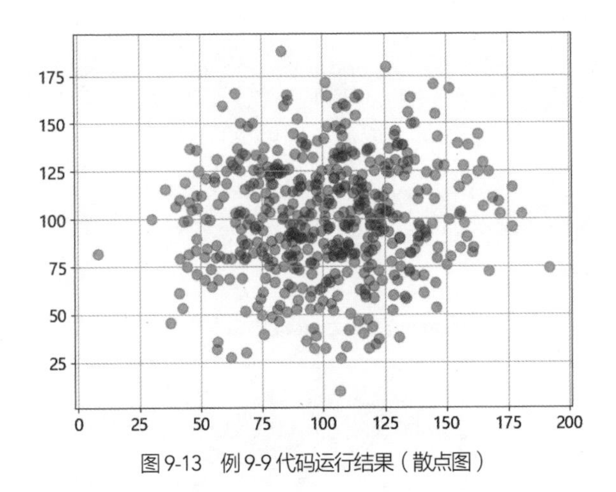

图 9-13 例 9-9 代码运行结果（散点图）

9.4.5 绘制饼图

饼图（Pie Graph）也称为圆饼图，使用一整个圆饼代表数据的总量，圆饼中的每一块扇形饼代表该分类所占总的比例大小。饼图可以表示不同类别的占比情况，能直观地反映出部分与部分、部分与整体之间的比例关系。

Pyplot 子模块使用 plt.pie( )函数绘制饼图，其常用的参数如表 9-16 所示。

表 9-16 plt.pie( )函数常用参数

参数名称	作用	说明
x	用于绘制饼图的数据	接收列表类型数据
explode	设置饼图的半径	浮点数，默认为 1
labels	指定饼图外侧显示的文字	接收列表类型数据
radius	设置饼图半径	浮点数
pctdistance	设置百分比标签与圆心的距离，为圆半径的倍数	浮点数，默认为 0.6
textprops	设置饼图中文本的属性	
autopct	自动添加百分比显示	格式化显示百分比，如“%.2f%%”表示保留两位小数
labeldistance	设置每一项的名称与圆心的距离，为圆半径的倍数	浮点数

【例 9-10】表 9-17 所示是某医院 12 月份各科室门诊每日 10:00 实时流量检测数据的总和（单位：人次）。请根据表中数据绘制每个科室人流量占比的饼图。

表 9-17 某医院 12 月份各科室门诊每日 10:00 实时流量检测数据的总和

科室	内科	儿科	保健科	外科	妇科	急症科	其他
人数	3112	2952	1644	1931	1468	1420	3431

```
In [1]: import numpy as np
   ...: import matplotlib.pyplot as plt
   ...: fig = plt.figure(figsize = (8,6))
   ...: data = [3112,2952,1644,1931,1468,1420,3431]     #绘图数据
   ...: labels =['内科','儿科','保健科','外科','妇科','急诊科','其他']
```

```
   ...: epd = (0.2,0.05,0.05,0.05,0.05,0.05,0.05)
   ...: plt.pie(x = data,labels = labels,
   ...:     explode = epd,radius = 1.5,
   ...:     autopct ='%.2f%%',
   ...:     textprops={'fontsize': 16,'color':'black'})
   ...: plt.legend(loc = 'right',bbox_to_anchor=(1.6,0.2) )
   ...: #bbox_to_anchor 参数用来调整图例框的位置
   ...: plt.title('12 月份各科室门诊每日 10:00 实时流量',
   ...:     pad=100,
   ...:     fontsize = 20)
   ...: #pad 参数用来设置标题和图片之间的距离
```

代码运行结果如图 9-14 所示。

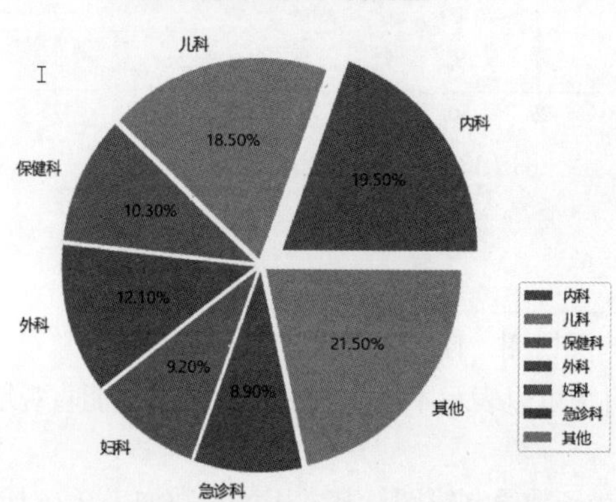

图 9-14　例 9-10 代码运行结果（饼图）

9.4.6 绘制箱线图

箱线图（Box Plot）也称为盒须图、盒式图或箱形图，用来显示一组数据的分布特征，能直观展现数据分散程度的差异。箱线图使用一组数据的上边界数、下边界数、中位数、上下四分位数，以及离群点（异常值）来绘图，这里的上下边界数是除了异常值外的最大和最小值。绘图时，连接两个四分位数画箱子，再将最大值和最小值与箱子连接，中位数在箱子中间。箱线图可以检测这组数据是否存在异常值，异常值显示在上边界和下边界的范围之外。箱线图的各部分组成及其含义如图 9-15 所示。

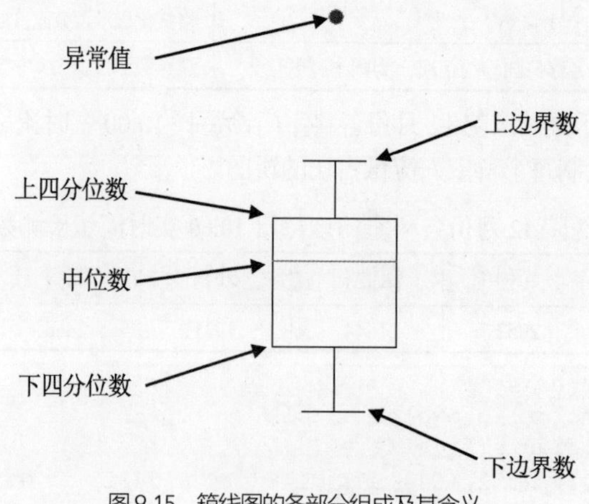

图 9-15　箱线图的各部分组成及其含义

Pyplot 子模块使用 plt.boxplot( )函数绘制箱线图，其常用的参数如表 9-18 所示。

表 9-18 plt.boxplot( )函数常用参数

参数名称	作用	说明
x	用于绘制箱线图的数据	接收列表类型数据
notch	是否以凹口的形式展现箱线图	True、False，默认为 False
sym	设置异常点形状	取值见表 9-8
vert	是否以垂直方向放置箱线图	True、False，默认为 True
positions	设置各组数据的箱线在 x 轴的位置	接收列表类型数据
widths	设置箱线图的宽度	浮点数，默认为 0.5
labels	指定每一个箱线图的标签	接收列表类型数据
meanline	是否显示均值线	True、False，默认为 False
flierprops	设置异常点的属性，如大小、颜色等	
boxprops	设置箱体的属性，如边框色、填充色等	

【例 9-11】表 9-19 所示是 A～E 这 5 个地区 1～12 月的降雨量（纯数据，不考虑其实际意义），请根据数据绘制降雨量箱线图。

表 9-19 A～E 这 5 个地区 1～12 月的降雨量

地区	月份											
	1	2	3	4	5	6	7	8	9	10	11	12
A	9.6	2.9	32.8	13.0	30.6	66.1	57.7	34.1	32.9	30.8	2.6	2.9
B	51.7	72.2	95.8	81.5	29.9	99.0	77.7	114.2	16.9	90.5	46.0	17.9
C	80.1	99.4	132.8	190.0	280.0	116.1	5.3.0	39.4	81.3	20.9	27.7	28.5
D	33.1	7.6	65.1	59.7	189.0	329.8	61.0	189.0	151.6	4.1	10.2	28.2
E	30.6	4.8	38.8	34.9	149.4	98.0	248.2	234.4	3.1	29.5	8.4	21.5

```
In [1]: import matplotlib.pyplot as plt
   ...: import numpy as np
   ...: import pandas as pd
   ...: plt.figure(figsize=(8,6))
   ...: data = [[9.6,2.9,32.8,13,30.6,66.1,57.7,34.1,32.9,30.8,2.6,2.9],
   ...:         [51.7,72.2,95.8,81.5,29.9,170,77.7,114.2,16.9,90.5,46,17.9],
   ...:         [80.1,99.4,132.8,190,280,116.1,5.3,39.4,81.3,20.9,27.7,28.5],
   ...:         [33.1,7.6,65.1,59.7,189,329.8,61,189,151.6,4.1,10.2,28.2],
   ...:         [0.6,4.8,38.8,34.9,149.4,98,248.2,234.4,3.1,29.5,8.4,21.5]
   ...:       ]
   ...: plt.boxplot(data,
   ...:             widths =0.5,
   ...:             flierprops={'markerfacecolor': 'b','markersize': 10})
   ...: plt.title('A～E 这 5 个地区 1～12 月的降雨量箱线图',
   ...:             fontsize = 20,
   ...:             pad = 20)
   ...: #pad 参数用来设置标题和图片之间的距离
```

代码运行结果如图 9-16 所示。

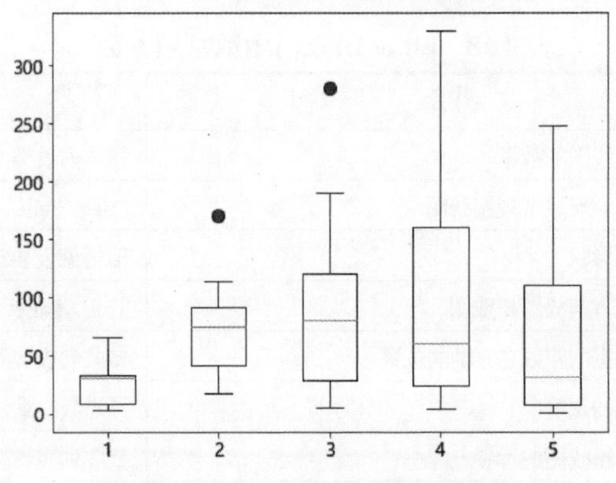

图 9-16　例 9-11 代码运行结果（箱线图）

本章实践

1. 在同一窗口中，添加 2 行 3 列的子图，分别绘制以下 6 个函数的图形，其中 $x \in [-8,8]$，图形分别使用不同的颜色和线条。

$f_1=5x^3$;

$f_2=e^{3x+5}$;

$f_3=\cos(3x-5)$;

$f_4=x\sin(5x)$;

$f_5=\ln(x^2+5)$;

$f_6=5x^3+4x^2-3x+1$。

2. 以下数据是 2021 年我国各年龄段的人口数，请根据以下提供的数据进行数据清洗，并绘制出各种能够展示我国人口情况的统计图。例如，按照年龄段绘制出饼图、条形图，以及累计折线图。

1～5 岁 7788 万人

6～10 岁 9024 万人

11～15 岁 8525 万人

16～20 岁 7268 万人

21～25 岁 7494 万人

26～30 岁 9184 万人

31～35 岁 12414 万人

36～40 岁 9901 万人

41～45 岁 9295 万人

46～50 岁 11422 万人

51～55 岁 12116 万人

56～60 岁 10140 万人

61～65 岁 7338 万人

66～70 岁 7400 万人

71～75 岁 4959 万人

76～80 岁 3123 万人

81～85 岁 2038 万人

86～90 岁 1082 万人

91～95 岁 365 万人

96～100 岁 81 万人

100 岁以上 11 万人

共计：140968 万人

3. “城市坐标.csv” 文件中提供了我国城市的坐标数据，请根据其中的坐标数据，在同一坐标系中，绘制我国城市的散点图，并对散点用城市名称进行标记。

第10章 SQLite 数据库操作

本章知识点导图

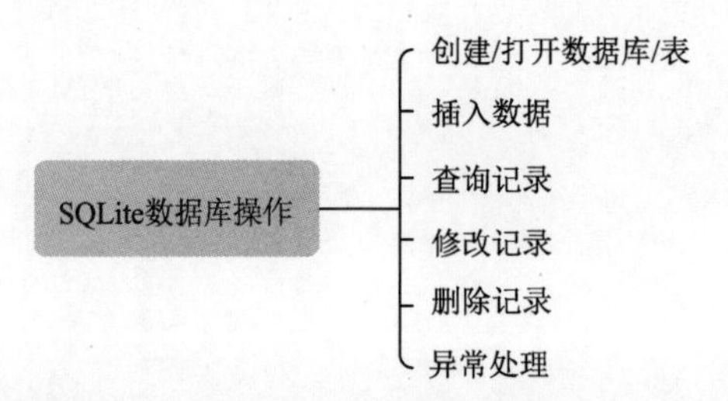

数据库（Database）是按照数据结构来组织、存储和管理数据的仓库。在信息化社会，充分有效地管理和利用各类信息资源，是进行科学研究和决策管理的前提条件。数据库技术是管理信息系统、办公自动化系统、决策支持系统等各类系统的核心部分，是进行科学研究和决策管理的重要技术手段。目前比较流行的数据库有大型数据库 Oracle Database、办公用数据库 Microsoft Access、小型数据库 MySQL，以及嵌入式数据库 SQLite 等。

SQLite 是一个软件库，实现了自给自足的、无服务器的、零配置的、事务性的结构查询语言（SQL）数据库引擎。SQLite 是在世界上部署较广泛的 SQL 数据库引擎之一。SQLite 的源代码不受版权限制。SQLite 数据库占用资源非常少，仅需几百千字节内存即可，处理速度快，可直接使用 C 或配合 C#、PHP、Java 等其他语言使用。SQLite 诞生于 2000 年，SQLite3 发布于 2015 年。

在 Python 中操作数据库时，要先导入数据库对应的驱动程序，然后通过 Connection 对象和 Cursor 对象操作数据。最后要确保打开的 Connection 对象和 Cursor 对象都正确地被关闭，否则可能导致资源泄露。

在 Python 中使用 SQLite 数据库，需要以下几个关键步骤。

（1）导入 SQLite3 模块：import sqlite3。

（2）通过 SQLite3 的 connect( )函数连接已经存在的或新创建的数据库，获得操作数据库的句柄：conn = sqlite3.connect（数据库名称）。

（3）利用句柄执行 SQL 指令：conn.execute（sql 指令串）。

（4）利用句柄把操作结果提交给数据库：conn.commit( )。

（5）关闭数据库的连接：conn.close( )。

10.1 创建数据库

对于数据库首先要明白一个逻辑关系，有数据库才有表，一个数据库中可以有多张数据表。类似于一个 Excel 文件中可以有多张数据表 Sheet1、Sheet2、Sheet3 等。

创建一个数据库和连接一个已有的数据库的方法一样。如果要连接的数据库不存在，那么它会被创建，最后将返回一个数据库对象。

首先导入 SQLite 以驱动数据库模块，该模块是 Python 集成的内置类库，提供 Python 操作 SQLite3 的相关接口，无须安装。

```
In [1]: import sqlite3
```

连接到 SQLite 数据库，数据库文件名为 test.db，若文件不存在，则自动创建。

```
In [2]: conn = sqlite3.connect('test.db')
```

为了对数据库中的数据表进行操作，需要创建游标对象 conn.cursor( )，通过返回的对象 c 执行相应的 SQL 语句。

```
In [3]: c = conn.cursor()
```

游标 cursor( )提供了一种对从表中检索出的数据进行操作的灵活手段，就本质而言，游标实际上是一种能从包括多条数据记录的结果中每次提取一条记录的机制。在 SQLite 中并没有一种描述表中单一记录的表达形式，除非使用 where 子句来限制只有一条记录被选中。因此我们必须借助游标来进行面向单条记录的数据处理。由此可见，游标允许应用程序对查询语句 select 返回的结果中每一行进行相同或不同的操作，而不是一次对整个结果进行同一种操作；它还提供对基于游标位置而对表中数据进行删除或更新的能力。正是游标把面向集合的数据库管理系统和面向行的程序设计结合起来，使两种数据处理方式能够协调。

有了游标，我们可以对表进行各种操作，如创建表，对表进行增、删、改、查等。在执行这些操作时，均通过 c.execute( )执行 SQL 语句。

```
In [4]: c.execute('''CREATE TABLE company
   ...:            (ID INT PRIMARY KEY NOT NULL,
   ...:             NAME TEXT NOT NULL,
   ...:             AGE INT NOT NULL,
   ...:             ADDRESS CHAR(50),
   ...:             SALARY REAL);
   ...:             ''')
Out[4]: <sqlite3.Cursor at 0x1db5efe6730>
```

上面的语句创建了一个叫 company 的表，它有一个主键 ID，一个 NAME，一个 AGE，以及 ADDRESS 和 SALARY。如果 NAME 是不可以重复的，可以设置 NAME 为 varchar(10) UNIQUE)。

这里需要注意的是，只有提交之后所进行的设置才能生效。我们使用数据库连接对象 c 来进行提交 commit 和回滚 rollback 操作，提交之后需要及时关闭游标和数据库连接。

```
In [5]: conn.commit()
   ...: c.close()
   ...: conn.close()
```

上面的代码创建完成了一个数据库及带有字段设置的数据表。

10.2 插入数据

在插入记录（数据）之前需要连接数据库，并创建游标。

```
In [6]: conn = sqlite3.connect('test.db')
   ...: c = conn.cursor()
```

插入记录用 c.execute( )句式，并带上 SQL 插入语句。插入语句格式如下。

```
"INSERT INTO *** (? ,? ,? ) VALUES (^,^,^)"
```

其中，***表示数据表的名称；?表示数据表中要插入的记录的相应字段，每个字段之间用逗号分隔；^表示?所对应的值。示例如下。

```
In [7]: c.execute("INSERT INTO company (ID,NAME,AGE,ADDRESS,SALARY) \
   ...: VALUES (1, 'Paul', 32, 'California', 20000.00 )")
   ...:
   ...: c.execute("INSERT INTO company (ID,NAME,AGE,ADDRESS,SALARY) \
   ...: VALUES(2, 'Allen', 25, 'Texas', 15000.00 )")
   ...:
   ...: c.execute("INSERT INTO company(ID,NAME,AGE,ADDRESS,SALARY) \
   ...: VALUES (3, 'Teddy', 23, 'Norway', 20000.00 )")
   ...:
   ...: c.execute("INSERT INTO COMPANY (ID,NAME,AGE,ADDRESS,SALARY) \
   ...: VALUES (4, 'Mark', 25, 'Rich-Mond ', 65000.00 )")
Out[7]: <sqlite3.Cursor at 0x1db6022b9d0>
```

插入记录后记得提交和关闭连接。

```
In [8]: conn.commit()
   ...: conn.close()
```

也可以使用 executemany( )方法一次性插入多条记录。

```
reco = [(5, 'Paul0', 31, 'California0', 20600.00 ),
        (6, 'Allen0', 26, 'Texas0', 15500.00 ),
        (7, 'Teddy0', 28, 'Norway0', 27000.00 ),
        (8, 'Mark0', 23, 'Rich-Mond0 ', 65500.00 )]
c.executemany("insert into company (ID,NAME,AGE,ADDRESS,SALARY) values (?,?,?,?,?)",
reco)
```

SQL 语句中的参数使用?作为替代符号，并在后面的参数中给出具体值。这里不能用 Python 的格式化字符串，如"%s"，因为这一用法容易受到 SQL 注入攻击。

10.3 查询记录

在查询记录时也需要先连接到数据库，并利用以下句式查询，把查询结果赋值给 cursor。

```
cursor = c.execute("SELECT ?,?,? from *")
```

其中，?表示数据表中要查询的记录相应的字段，每个字段之间用逗号分隔；*表示数据表名称。示例如下。

```
In [1]: import sqlite3
```

```
In [2]: conn = sqlite3.connect('test.db')
   ...: c = conn.cursor()
   ...:
   ...: cursor = c.execute("SELECT id, name, address, salary from COMPANY")
   ...: for row in cursor:
   ...:     print("ID = ", row[0])
   ...:     print("NAME = ", row[1] )
   ...:     print("ADDRESS = ", row[2] )
   ...:     print("SALARY = ", row[3], "\n" )
   ...:
   ...: conn.close()
ID = 1
NAME = Paul
ADDRESS = California
SALARY = 20000.0

ID = 2
NAME = Allen
ADDRESS = Texas
SALARY = 15000.0

ID = 3
NAME = Teddy
ADDRESS = Norway
SALARY = 20000.0

ID = 4
NAME = Mark
ADDRESS = Rich-Mond
SALARY = 65000.0
```

查询记录时不需要提交 commit 操作。

在执行查询语句后，Python 将返回一个循环器，包含查询获得的多条记录。可以循环读取，也可以使用 SQLite3 提供的 fetchone( )和 fetchall( )方法读取记录，示例如下。

```
In [3]: conn = sqlite3.connect('test.db')
   ...: c = conn.cursor()

In [4]: cursor = c.execute("SELECT id, name, address, salary from COMPANY")
   ...: c.fetchone()   #调用一次显示一条记录 ，游标下移
Out[4]: (1, 'Paul', 'California', 20000.0)

In [5]: c.fetchone()
Out[5]: (2, 'Allen', 'Texas', 15000.0)

In [6]: c.fetchall() #一次性显示所有的查询记录
Out[6]: [(3, 'Teddy', 'Norway', 20000.0), (4, 'Mark', 'Rich-Mond ', 65000.0)]

In [7]: conn.close()
```

在 SQLite 中查询一个表是否存在的方法如下。

```
SELECT name FROM sqlite_master WHERE type='table' AND name='table_name';
```

table_name 就是要查找的表的名字。

10.4 修改记录

修改记录也称为更新记录，其基本格式如下。

```
c.execute("UPDATE *** set ? = ^ where ID=n")
```

其中，***为数据表名称；?为要修改的字段；^表示要改为的值；n 表示要修改的记录序号。示例如下。

```
In [1]: import sqlite3
   ...: conn = sqlite3.connect('test.db')
   ...: c = conn.cursor()

In [2]: c.execute("UPDATE COMPANY set SALARY = 25000.00 where ID=1")
   ...: conn.commit()

In [3]: cursor = conn.execute("SELECT id, name, address, salary from COMPANY")

In [4]: for row in cursor:
   ...:     print("ID = ", row[0])
   ...:     print("NAME = ", row[1] )
   ...:     print("ADDRESS = ", row[2] )
   ...:     print("SALARY = ", row[3], "\n" )
ID = 1
NAME = Paul
ADDRESS = California
SALARY = 25000.0

ID = 2
NAME = Allen
ADDRESS = Texas
SALARY = 15000.0

ID = 3
NAME = Teddy
ADDRESS = Norway
SALARY = 20000.0

ID = 4
NAME = Mark
ADDRESS = Rich-Mond
SALARY = 65000.0

In [5]: conn.close()
```

10.5 删除记录

删除记录的格式如下。

```
c.execute("DELETE from *** where ID=n;")
```

其中，***表示数据表的名称；n 表示要删除的数据记录的序号。示例如下。

```
In [1]: import sqlite3
   ...: conn = sqlite3.connect('test.db')
```

```
    ...: c = conn.cursor()

In [2]: c.execute("DELETE from COMPANY where ID=2;")
    ...: conn.commit()

In [3]: cursor = conn.execute("SELECT id, name, address, salary from COMPANY")

In [4]: for row in cursor:
    ...:     print(row)
    ...:     print("ID = ", row[0])
    ...:     print("NAME = ", row[1] )
    ...:     print("ADDRESS = ", row[2] )
    ...:     print("SALARY = ", row[3], "\n" )
    ...: conn.close()
(1, 'Paul', 'California', 25000.0)
ID = 1
NAME = Paul
ADDRESS = California
SALARY = 25000.0

(3, 'Teddy', 'Norway', 20000.0)
ID = 3
NAME = Teddy
ADDRESS = Norway
SALARY = 20000.0

(4, 'Mark', 'Rich-Mond ', 65000.0)
ID = 4
NAME = Mark
ADDRESS = Rich-Mond
SALARY = 65000.0
```

也可以直接删除整张表：c.execute('DROP company')。

10.6 异常处理

对于增、删、改、查出现的异常，我们常用 try 来捕获。

```
In [1]: import sqlite3
    ...: conn = sqlite3.connect('test.db')
    ...: c = conn.cursor()
    ...: sql = "INSERT INTO company (ID,NAME,AGE,ADDRESS,SALARY) \
    ...: VALUES (3, 'Paul', 32, 'California', 20000.00 )"

In [2]: try:
    ...:     c.execute(sql)
    ...:     conn.commit()
    ...: except Exception as e:
    ...:     print(e)
    ...:     conn.rollback()
    ...:     conn.close()
UNIQUE constraint failed: company.ID
```

这里会出现错误提示，因为序号为 3 的记录在数据表中已经有了。可以将记录的序号修改为 9 或者更大的数字，也就是数据表中没有的序号，如果第 2 条记录曾经被删除，也可以修改为 2。

本章实践

利用你能访问的数据库系统，获取部分数据库的字段及其下的数据，运用第 8 章介绍的数据处理技术，对数据进行查重、补缺、异常值处理，对数据进行合理分析，并对分析结果用合适的图形进行数据可视化。

第11章 应用案例

本章知识点导图

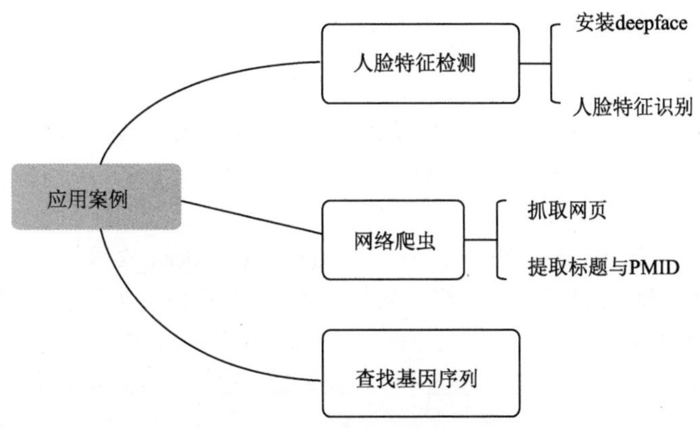

本章的主要内容是综合应用前面介绍的知识点，解决实际问题。

11.1 人脸特征检测

Python 在各领域的应用非常广泛，已经很成熟，各种应用模块和库也很丰富。与人脸特征检测相关的库很多，本节将介绍 deepface 库。

11.1.1 安装 deepface

deepface 是一个 Python 轻量级人脸识别和人脸属性分析（年龄、性别、情感和种族）的框架，提供非常简单的接口，可以实现各种人脸识别算法的应用。

安装方式如下。

```
pip install deepface -i https://pypi.tuna.********.edu.cn/simple
```

导入库。

```
from deepface import DeepFace
```

11.1.2 人脸特征识别

总体而言，deepface 识别效果还行，但是离工程应用的要求还有一定的距离。下面将从 5 个方面介绍 deepface。

1．人脸验证 DeepFace.verify( )

DeepFace.verify( )可用于验证两幅图像是否为同一个人，函数调用格式如下。

```
verify(img1_path, img2_path = '',
       model_name = 'VGG-Face',
       distance_metric = 'cosine',
       model = None,
       enforce_detection = True,
       detector_backend = 'opencv',
       align = True,
       prog_bar = True,
       normalization = 'base')
```

参数说明如下。

- img1_path：传递的图像路径、NumPy 数组（BGR）或 Base64 编码图像。
- model_name：模型名，支持 VGG-Face、Facenet、OpenFace、deepface、DeepID、Dlib、ArcFace、Ensemble 等。
- distance_metric：衡量标准，支持 cosine、euclidean、euclidean_l2 等。
- model：构建 deepface 模型。每次调用 verify( )函数都会重新建立人脸识别模型。可以选择传递预构建的人脸识别模型，如 DeepFace.build_model('VGG-Face')构建模型。
- enforce_detection：如果在图像中检测不到任何人脸，则验证函数将返回异常。将该参数设置为 False 将不会出现此异常。
- detector_backend：人脸识别算法后端，可能需要 retinaface、mtcnn、opencv、ssd、dlib 支持。
- align：是否人脸对齐。
- prog_bar：启用或禁用进度条。
- normalization：人脸归一化的方式。

如果 img1_path 输入的是一张人脸图片，则返回一个字典；如果输入的是列表，则返回一个字典列表。返回结果的具体参数如下。

- verified：是否为同一个人。
- distance：人脸距离，越小越相似。
- max_threshold_to_verify：判断为同一个人的阈值。
- model：所用模型。
- similarity_metric：相似性衡量标准。
- detector_backend：用于检测人脸的后端工具。
- threshold：在进行人脸验证时使用的阈值。阈值通常用于确定两张人脸图像被认为是同一个人的相似程度。

例如，输入两张照片，看看是否为同一个人。

```
In[1]: from deepface import DeepFace
       models_name = ["VGG-Face", "Facenet", "Facenet512", "OpenFace",
                      "DeepFace", "DeepID", "ArcFace", "Dlib", "SFace",
                      'Ensemble']
```

```
        result = DeepFace.verify(img1_path="d:/img/bb/bb1.png",
                                 img2_path="d:/img/gg/gg1.png",
                                 model_name=models_name[2]) #这里选的是 Facenet512 模型
        #展示结果，判断两人是否为同一个人
        print(result)
```

输出结果如下。

```
Out[1]:
{'verified': False, 'distance': 0.5844550501834723, 'threshold': 0.3, 'model':
'Facenet512', 'detector_backend': 'opencv', 'similarity_metric': 'cosine',
'facial_areas': {'img1': {'x': 75, 'y': 201, 'w': 611, 'h': 611}, 'img2': {'x': 90,
'y': 180, 'w': 362, 'h': 362}}, 'time': 7.19}
```

注意：deepface 库对中文路径比较敏感，容易报错，最好使用全英文路径。

2．人脸识别 DeepFace.find( )

DeepFace.find( )可用于从数据集中检索与当前人脸相似的图片。函数调用格式如下。

```
find(img_path, db_path,
     model_name ='VGG-Face',
     distance_metric = 'cosine',
     model = None,
     enforce_detection = True,
     detector_backend = 'opencv',
     align = True,
     prog_bar = True,
     normalization = 'base',
     silent=False)
```

其中的参数同 verify( )函数的较为接近，多出的参数如下。

- db_path：检索库路径。
- silent：是否静默显示数据。

返回结果为一个包含相似图像的 DataFrame 对象，包括图像路径和距离值，距离值越小表示越相似。

例如，从文件夹 ww 中选出与给定的 gg2.png（见图 11-1）相似的照片。

```
In[2]: result = DeepFace.find(img_path=r"d:\img\gg\gg2.png",
                              db_path="d:/img/ww", model_name=models_name[2])
       print(result)

Finding representations: 100%|██████████| 4/4 [00:08<00:00,  2.04s/it]
Representations stored in d:/img/ww/representations_facenet512.pkl file.Please
    delete this file when you add new identities in your database.
find function lasts 8.392402410507202 seconds
[  identity source_x source_y source_w source_h Facenet512_cosine
0 d:/img/ww/gg.png     40     105     302     302     1.110223e-16
1  d:/img/ww/2.png     40     105     302     302     1.452245e-01]
```

返回结果显示，从 ww 中挑出与 gg2.png 大概相似的有 gg.png 和 2.png，相似距离值分别为 1.110223e-16 和 1.452245e-01。其实这里 gg2.png 和 gg.png 是同一张照片，只是文件名不一样，所以相似距离值较小。但是判断 gg2.png 和 2.png 这两张照片相似还是有些勉强的，毕竟根本不是同一个人。

gg2.png

gg.png

2.png

图 11-1　输入与检测图片

DeepFace.find( )第一次执行时会提取各个图像的特征，并在 ww 文件夹中生成一个 pkl 文件，以供下次直接调用，节省比对的计算时间。

3．人脸属性分析 DeepFace.analyze( )

DeepFace.analyze( )函数用于分析图片中人脸的面部属性，包括年龄、性别、面部表情（包括愤怒、恐惧、平静、悲伤、厌恶、快乐和惊讶等）、种族（包括亚洲人、白人、中东人、印度人、拉丁裔和黑人等）。函数调用格式如下。

```
analyze(img_path,
        actions = ['emotion', 'age', 'gender', 'race'] ,
        models = None,
        enforce_detection = True,
        detector_backend = 'opencv',
        prog_bar = True)
```

其中的参数同 verify( )函数的相近，主要多了属性设置参数 actions。

- actions：识别属性，包括 emotion, age, gender, race 等。

如果 img_path 输入一张人脸则返回一个字典，如果输入列表则返回一个字典列表。返回结果的具体参数如下。

- region：人脸坐标，格式为 wywh。
- age：年龄。
- gender：性别。
- dominant_emotion: 主导情绪，也就是情绪识别结果。
- emotion：各个情绪值，值越大表示越倾向。
- dominant_race：种族结果。
- race：各个种族值。

例如，判断照片 dd1.png（见图 11-2）的属性。

```
In [3]: result = DeepFace.analyze(img_path = "d:/img/dd/dd1.png",
                                  actions = ['emotion','emotion', 'age', 'gender',
                                            'race'])
   ...: print(result)

age_model_weights.h5 will be downloaded...
Downloading...
From: https://***.com/serengil/deepface_models/releases/download/v1.0/age_model_
weights.h5
To: C:\Users\yubg\.deepface\weights\age_model_weights.h5
100%|██████████| 539M/539M [01:07<00:00, 7.99MB/s]
gender_model_weights.h5 will be downloaded...
```

```
    Downloading...
    From: https:// ***.com/serengil/deepface_models/releases/download/v1.0/gender_model_
weights.h5
    To: C:\Users\yubg\.deepface\weights\gender_model_weights.h5
    100%|██████████| 537M/537M [00:47<00:00, 11.2MB/s]
    race_model_single_batch.h5 will be downloaded...
    Downloading...
    From: https://***.com/serengil/deepface_models/releases/download/v1.0/race_model_
single_batch.h5
    To: C:\Users\yubg\.deepface\weights\race_model_single_batch.h5
    100%|██████████| 537M/537M [00:49<00:00, 10.8MB/s]
    Action: race: 100%|██████████| 5/5 [00:00<00:00, 6.06it/s][{'emotion': {'angry':
1.5361418093107204e-05, 'disgust': 7.33691604107474e-12, 'fear': 74.31256175041199,
'happy': 0.018923623429145664, 'sad': 0.005050586332799867, 'surprise':
1.607646460399792e-06, 'neutral': 25.66344439983368}, 'dominant_emotion': 'fear',
'region': {'x': 171, 'y': 343, 'w': 858, 'h': 858}, 'age': 32, 'gender': {'Woman':
46.9680517911911, 'Man': 53.03194522857666}, 'dominant_gender': 'Man', 'race':
{'asian': 81.37743473052979, 'indian': 1.923646591603756, 'black':
0.5071595311164856, 'white': 10.520566999912262, 'middle eastern': 1.126598846167326,
'latino hispanic': 4.544603079557419}, 'dominant_race': 'asian'}]
```

返回结果比较详细，甚至给出了各种情况的概率，除了年龄外基本上还是比较准确的。第一次运行该代码时需要下载表情、年龄、人种等相关数据，数据量可能会比较大，需要网络顺畅，否则容易中断。

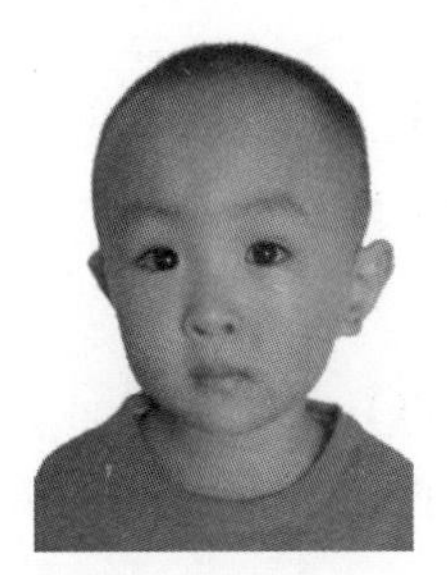

图11-2 dd1.png

4．人脸检测 DeepFace.extract_faces( )

DeepFace.extract_faces( )函数用于检测人脸，如果图像中有多个人脸只会返回其中的一个，函数调用格式如下。

```
extract_faces (img_path,
               target_size = (224, 224),
               detector_backend = 'opencv',
               enforce_detection = True,
               align = False)
```

参数同 verify( )的相近，主要多了可以设置返回图像尺寸的参数 target_size，返回 RGB 的 NumPy 数组图像。

```
In [4]: from PIL import Image, ImageDraw
   ...: import numpy as np
   ...: result = DeepFace.extract_faces(img_path = r"d:\img\hy.png",  #hy.png 如
图 11-3 所示
   ...: detector_backend = 'opencv',
   ...: enforce_detection = True,
   ...: align = False)
   ...: print(result)
   ...: im = result[0]["face"]
```

```
    ...: im = Image.fromarray((im* 255).astype(np.uint8))    #转换数据类型
    ...: im.show()
[{'face': array([[[0.90588236, 0.8980392 , 0.7372549 ],
        [0.9019608 , 0.89411765, 0.7411765 ],
        [0.90588236, 0.89411765, 0.7921569 ],
        ...,
        [0.7137255 , 0.5882353 , 0.53333336],
        [0.7019608 , 0.5803922 , 0.52156866],
        [0.70980394, 0.58431375, 0.5294118 ]],
        ...,
        ...,                         #此处由于数据篇幅较大，省略部分数据
        ...,
        [0.6039216 , 0.4392157 , 0.30980393],
        [0.60784316, 0.4392157 , 0.30980393],
        [0.6156863 , 0.44313726, 0.31764707]]], dtype=float32), 'facial_area': {'x': 597, 'y': 186, 'w': 369, 'h': 369}, 'confidence': 6.516651885875035}]
```

合影时仅检测其中的一个人脸，输出结果如图 11-4 所示。

图 11-3　被检测的图片 hy.png

图 11-4　检测出的人脸

5．人脸特征提取 DeepFace.represent( )

DeepFace.represent( )函数用于将面部图像表示为特征向量，函数调用格式如下。

```
represent(img_path,
          model_name = 'VGG-Face',
          model = None,
          enforce_detection = True,
          detector_backend = 'opencv',
          align = True,
          normalization = 'base')
```

其中的参数同 verify( )。返回图像特征多维向量，特征向量的维度根据模型而变化。

```
In [5]: result = DeepFace.represent(img_path="d:/img/hy.png", model_name=models_name[2])
   ...: print("特征维度为{}".format(len(result)))
特征维度为 13
```

11.2 网络爬虫

获取 NCBI 主页上 soybean 相关文献的 PMID，并将这些 PMID 和相应的文章标题以二元元组的形式存储在列表中。

11.2.1 抓取网页

微课视频

将 PMID 和相应的文章标题以二元元组的形式存储在列表中，需要分两步完成。

- 获取网页内容。
- 提取所需要的内容（标题和 PMID）。

这里分别编写两个函数 get_html_text( )和 title_pmid( )来实现上面两步操作。

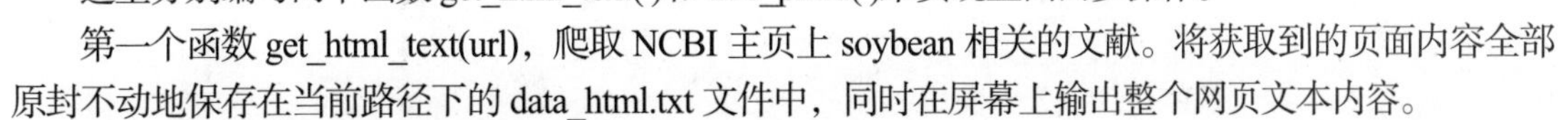

第一个函数 get_html_text(url)，爬取 NCBI 主页上 soybean 相关的文献。将获取到的页面内容全部原封不动地保存在当前路径下的 data_html.txt 文件中，同时在屏幕上输出整个网页文本内容。

第二个函数 title_pmid(htmltext)的参数是第一个函数 get_html_text(url)获取到的全部网页原内容 htmltext，其功能就是从 htmltext 中获取文章标题和相应的 PMID。

```
import requests,re

#抓取网页
def get_html_text(url = 'https://www.****.nlm.nih.gov/pubmed/?term=soybean'):
    '''
    从给定的 URL 中获取其网页内容并将其保存在 data_html.txt 中
    输出为获取的网页内容 htmltext
    '''
    header = {
        'User-Agent' : 'Mozilla/5.0 (X11; Ubuntu; Linux x86_64; rv:46.0) Gecko/20100101 Firefox/46.0',
        'Content-Type': 'application/x-www-form-urlencoded',
        'Connection' : 'Keep-Alive',
        'Accept':'text/html,application/xhtml+xml,application/xml;q=0.9,*/*;q=0.8'
        }
    #url = 'https://www.****.nlm.nih.gov/pubmed/?term=soybean'
    try:
        r = requests.get(url, timeout=30,headers=header)
        #如果状态不是 200，引发 HTTPError 异常
        r.raise_for_status()
        r.encoding = r.apparent_encoding #与 encoding 的区别说明在后文
        r.encoding = "utf-8"
        #保存获取到的页面内容
        f0 = open('data_html.txt', 'w', encoding='utf-8')   #打开并自动创建 TXT 文件
        f0.write(r.text)
        f0.close()
        return r.text
    except:
        return "产生异常"

htmltext = get_html_text('https://www.****.nlm.nih.gov/pubmed/?term=soybean')
```

我们将获取到的内容保存在 data_html.txt 文件中，其中就包含所需要的 PMID 和相应的文章标题，如图 11-5 所示。

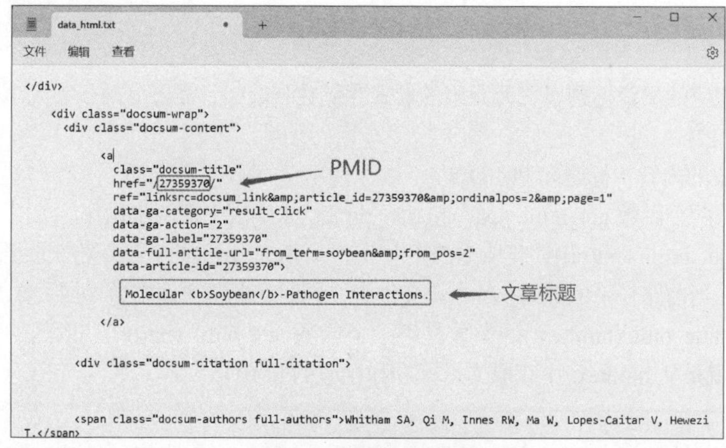

图 11-5 获取的网页内容

r=requests.get( ) 获取内容后，r.encoding 表示从 http header 中提取响应内容编码，而 r.apparent_encoding 表示从内容中分析出的响应内容编码。encoding 是从 header 的 charset 字段中提取的编码方式，若 header 中没有 charset 字段则默认为 ISO-8859-1 编码方式，无法解析中文，会出现乱码。因为 apparent_encoding 会从网页的内容中分析网页编码的方式，所以 apparent_encoding 比 encoding 更加准确。当网页出现乱码时，可以把 apparent_encoding 的编码方式赋值给 encoding。如果网页编码方式是 ISO-8895-1,那么用 r.text 查看的是乱码。r.encoding 只是分析网页的头部，猜测编码方式，而 r.apparent_encoding 则是实实在在根据网页内容分析编码方式。所以，在爬虫程序中，经常使用 r.encoding = r.apparent_encoding 来直接获取网页的编码。

11.2.2 提取标题与 PMID

所需要的 PMID 和文章的标题均已包含在 data_html.txt 中。要找到所需要的这两个内容，这就需要从原网页中去发现。利用浏览器的“开发人员工具”模式对网页进行跟踪查找，如图 11-6 所示，网页中的 A、B 区域分别对应着代码区的 A'和 B'，从中可以找到对应的 title 和 PMID。通过对比发现，它们都在“<a class="docsum-title" href=”代码行中，所以需要将所有以“<a class="docsum-title" href=”开头的代码行提取出来，这需要使用正则表达式。

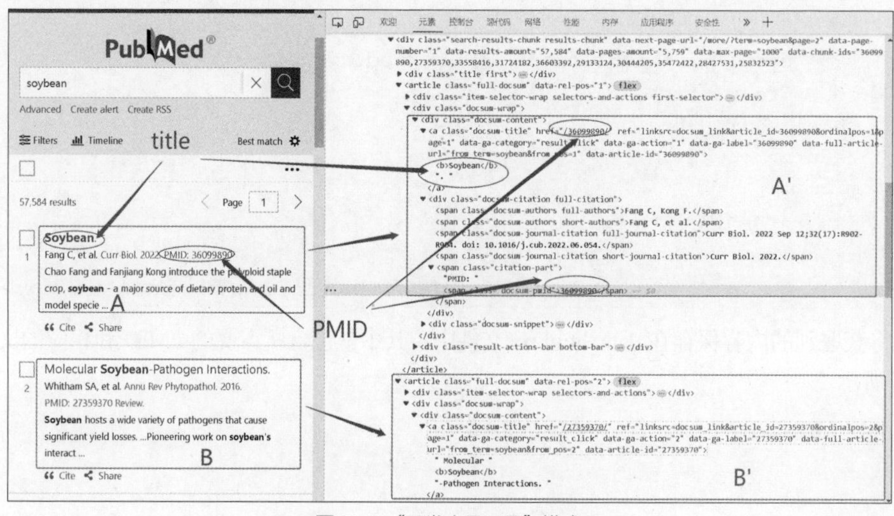

图 11-6 “开发人员工具”模式

```
def title_pmid (htmltext):
    '''
    从获取的 htmltext 中获取 PMID 和相应的文章标题
    输出为列表，一个元素为一条记录
    '''
    #正则表达式找出需要的部分。
    #通过查看，需要的数据是以“class="docsum-title"”开头，以"</a>"结尾
    pattern = 'class="docsum-title"(.*?)</a>'
    data1 = re.findall(pattern,htmltext,re.S)   #找到返回的是 list
    print(len(data1))
    print(data1)

    #提取标题和 PMID
    data_title_pmid=[]    #接收标题和 PMID 构成的元组对
    pat_1 ='href="/(.*?)/"\n'                  #匹配 PMID
    pat_2 = '>\n\n(.*?).\n\n'                  #匹配标题
    for i in data1:
        pmid = re.findall(pat_1, i)
        title_ = re.findall(pat_2, i)
        print(title_)
        title = re.sub('<b>Soybean</b>|<b>soybean</b>',"Soybean",title_[0])#剔除
            掉<b>和</b>
        data_title_pmid.append((title,pmid[0]))
    #将处理好的标题和 PMID 元组对构成的列表保存在 data_content.txt 文件中
    f1 = open('data_content.txt', 'w', encoding='utf-8')
    f1.write(str(data_title_pmid))
    f1.close()
    return data_title_pmid

title_pmid (htmltext)
```

上面的代码通过正则表达式提取了 PMID 和标题，并且将处理好的标题和 PMID 元组对构成列表保存在 data_content.txt 文件中。

说明如下。

若想获取包含翻页的网页所有内容，我们就要打开第二页，查看第二页的网址，如本例网站中的第二页网址为 https://pubmed.****.nlm.nih.gov/?term=soybean&page=2；第三页网址为 https://pubmed.****.nlm.nih.gov/?term=soybean&page=3，通过对比可以发现以下规律。

第一页：https://pubmed.****.nlm.nih.gov/?term=soybean。

第二页：https://pubmed.****.nlm.nih.gov/?term=soybean&page=2。

第三页：https://pubmed.****.nlm.nih.gov/?term=soybean&page=3。

……

其实第一页也可以改为 https://pubmed.****.nlm.nih.gov/?term=soybean&page=1，所以对于包含翻页的网址其实变化的就是网址最后的数字，可以用 for 循环来提取每一页的内容。

11.3 查找基因序列

将 FNA 文件读取为字典，字典的键为序列的名称，值为序列。

FNA 文件可以用记事本打开，其内容如图 11-7 所示。

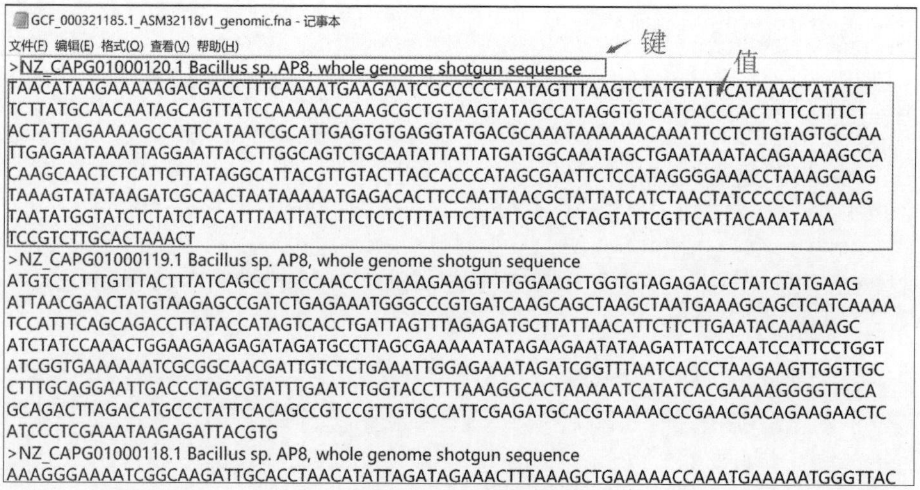

```
GCF_000321185.1_ASM32118v1_genomic.fna - 记事本
文件(F) 编辑(E) 格式(O) 查看(V) 帮助(H)
>NZ_CAPG01000120.1 Bacillus sp. AP8, whole genome shotgun sequence      键
                                                                        值
TAACATAAGAAAAAGACGACCTTTCAAAATGAAGAATCGCCCCCTAATAGTTTAAGTCTATGTATTCATAAACTATATCT
TCTTATGCAACAATAGCAGTTATCCAAAAACAAAGCGCTGTAAGTATAGCCATAGGTGTCATCACCCACTTTTCCTTTCT
ACTATTAGAAAAGCCATTCATAATCGCATTGAGTGTGAGGTATGACGCAAATAAAAAACAAATTCCTCTTGTAGTGCCAA
TTGAGAATAAATTAGGAATTACCTTGGCAGTCTGCAATATTATTATGATGGCAAATAGCTGAATAAATACAGAAAAGCCA
CAAGCAACTCTCATTCTTATAGGCATTACGTTGTACTTACCACCCATAGCGAATTCTCCATAGGGGAAACCTAAAGCAAG
TAAAGTATATAAGATCGCAACTAATAAAAATGAGACACTTCCAATTAACGCTATTATCATCTAACTATCCCCCTACAAAG
TAATATGGTATCTCTATCTACATTTAATTATCTTCTCTCTTTATTCTTATTGCACCTAGTATTCGTTCATTACAAATAAA
TCCGTCTTGCACTAAACT
>NZ_CAPG01000119.1 Bacillus sp. AP8, whole genome shotgun sequence
ATGTCTCTTTGTTTACTTTATCAGCCTTTCCAACCTCTAAAGAAGTTTTGGAAGCTGGTGTAGAGACCCTATCTATGAAG
ATTAACGAACTATGTAAGAGCCGATCTGAGAAATGGGCCCGTGATCAAGCAGCTAAGCTAATGAAAGCAGCTCATCAAAA
TCCATTTCAGCAGACCTTATACCATAGTCACCTGATTAGTTTAGAGATGCTTATTAACATTCTTCTTGAATACAAAAAGC
ATCTATCCAAACTGGAAGAAGAGATAGATGCCTTAGCGAAAAAATATAGAAGAATATAAGATTATCCAATCCATTCCTGGT
ATCGGTGAAAAAATCGCGGCAACGATTGTCTCTGAAATTGGAGAAATAGATCGGTTTAATCACCCTAAGAAGTTGGTTGC
CTTTGCAGGAATTGACCCTAGCGTATTTGAATCTGGTACCTTTAAAGGCACTAAAAATCATATCACGAAAAGGGGTTCCA
GCAGACTTAGACATGCCCTATTCACAGCCGTCCGTTGTGCCATTCGAGATGCACGTAAAACCCGAACGACAGAAGAACTC
ATCCCTCGAAATAAGAGATTACGTG
>NZ_CAPG01000118.1 Bacillus sp. AP8, whole genome shotgun sequence
AAAGGGAAAATCGGCAAGATTGCACCTAACATATTAGATAGAAACTTTAAAGCTGAAAAACCAAATGAAAAATGGGTTAC
```

图 11-7　FNA 文件内容

文本内容包含较多的基因序列，现在就将它们全部做成基因序列字典，以便于查询和使用。实现代码如下。

```
In [1]: def read_gen(path):
   ...:     '''
   ...:     读取基因文件，含完整的路径
   ...:     读取的是 FNA 格式的文本文件
   ...:     输出的是已经读取的基因名称和编码构成的字典
   ...:     '''
   ...:
   ...:     #读取文件：完整的文件名和路径
   ...:     a_a = open(path)
   ...:     originaltext = a_a.read()
   ...:     a_a.close()
   ...:
   ...:     #将原始文件中的基因序列进行切割做成字典
   ...:     c=originaltext.split('>')
   ...:     print('本次共读取了',len(c),'个基因序列。',"已经做成了字典变量 diction ")
   ...:     c.remove('')
   ...:
   ...:     diction = {}
   ...:     for i in c:
   ...:         k = i.split('\n')
   ...:         if '' in k:
   ...:             k.remove('')
   ...:         content = ''.join(k[1:])
   ...:         name = k[0]
   ...:         dic ={name:content}
   ...:         diction.update(dic)
   ...:     return diction
In [2]: path = r'c:\Users\yubg\Desktop\GCF_000321185.1_ASM32118v1_genomic.fna'
   ...: diction = read_gen(path)

本次共读取了 121 个基因序列。 已经做成了字典变量 diction

In [3]: diction
Out[3]:
 {'NZ_CAPG01000120.1 Bacillus sp. AP8, whole genome shotgun sequence':
'TAACATAAGAAAAAGACGACCTTTCAAAATGAAGAATCGCCCCCTAATAGTTTAAGTCTATGTATTCATAAA
```

```
CTATATCTTCTTATGCAACAATAGCAGTTATCCAAAAACAAAGCGCTGTAAGTATAGCCATAGGTGTCATCAC
CCACTTTTCCTTTCTACTATTAGAAAAGCCATTCATAATCGCATTGAGTGTGAGGTATGACGCAAATAAAAAA
CAAATTCCTCTTGTAGTGCCAATTGAGAATAAATTAGGAATTACCTTGGCAGTCTGCAATATTATTATGATGG
CAAATAGCTGAATAAATACAGAAAAGCCACAAGCAACTCTCATTCTTATAGGCATTACGTTGTACTTACCACC
CATAGCGAATTCTCCATAGGGGAAACCTAAAGCAAGTAAAGTATATAAGATCGCAACTAATAAAAATGAGACA
CTTCCAATTAACGCTATTATCATCTAACTATCCCCCTACAAAGTAATATGGTATCTCTATCTACATTTAATTA
TCTTCTCTCTTTATTCTTATTGCACCTAGTATTCGTTCATTACAAATAAATCCGTCTTGCACTAAACT',
    'NZ_CAPG01000119.1 Bacillus sp. AP8, whole genome shotgun sequence':
'ATGTCTCTTTGTTTACTTTATCAGCCTTTCCAACCTCTAAAGAAGTTTTGGAAGCTGGTGTAGAGACCCTAT
CTATGAAGATTAACGAACTATGTAAGAGCCGATCTGAGAAATGGGCCCGTGATCAAGCAGCTAAGCTAATGAA
AGCAGCTCATCAAAATCCATTTCAGCAGACCTTATACCATAGTCACCTGATTAGTTTAGAGATGCTTATTAAC
ATTCTTCTTGAATACAAAAAGCATCTATCCAAACTGGAAGAAGAGATAGATGCCTTAGCGAAAAATATAGAAG
AATATAAGATTATCCAATCCATTCCTGGTA
    …
```

由于篇幅较长，因此此处仅展示前两个基因序列。

为了方便查找，可按照名称找出基因组序列编码，创建 gen_name_search(diction,name)函数的代码如下。

```
In [4]: def gen_name_search(diction,name):
   ...:     '''
   ...:     给出序列名称搜索序列编码
   ...:     '''
   ...:     keys = diction.keys()
   ...:
   ...:     for i in keys:
   ...:         if name in i:
   ...:             print(i,":", diction[i])
   ...:     return diction[i]
In [5]: st = gen_name_search(diction,"NZ_CAPG01000107.1")
NZ_CAPG01000107.1 Bacillus sp. AP8, whole genome shotgun sequence :
TGGTATGTCAACACTAAACTGGACAAAAATTATAAGGTCTGTTGCTTGAATTCCACAGGTGTTAAATAGCCCAGTGTTCCG
TGAATTCGAATATTGTTGAACCAATGAACATAATCATCAAGTTCAAGAGCGAGCTGTTCAAGTGAAGAGAAGTGCGCTCCG
TTAGCGAATTCTGTTTTAAATACCTTAAATGTCGCTTCAGCCACGGCATTATCATAAGGGCATCCTTTCATGCTCAGTGAT
CGCTGGATACCAAATGCTTCAAGAGCCTCTGAAATTAGTTTATTATCAAACTCTTTTCCTCGGTCTGTATGAAACATTTTG
ACATTATTTAAATTCGCCTGGATGCTCGCAATCGCTTGATACACAAGCTCTGCCGTTTTGTTTACGCCTGTACTATGACCG
ATGATTTCACGATTGAAAAGGTCGACAAATAGGCATACATAGTGCCATTTTTTTCCGACACGGACGTATGTTAAATCGCTT
ACAATAACCGCTAATTGTTCATCCTGCTTGAATTGACGCTGTAGTTCATTTTTTACTGGCGCTTCGTTACAACTGGATTTA
TGTGGCTTAAATTGAGCCACCGTATAGTTTGACACCAGCCCTAGTTCATTCATTAGGCGCCCTATACGACGACGGAAACT
TGTTTTGGTTGAGGTAATTTGGCCAACTCTTTCTTGATTTTACGTGTGCCATAATTATTACGGCTCTCTTTAAAAATACGA
GCAATTTCCTTTGAAATCTCTGTATCTTCGGCTTTTTTCACACGTTTGCTAGATAGATTGGCATGATAATAATACGTACTC
GTTGGTAGATTAAGGACGTTACACATTGCTGATACTGAATATTTGTGAGCGTTATTTCGAATCACATCTATTTTCGTCCCA
TGATCAGCGCCGCTTGCTTTAAAATATCGTTCTCCATCAATAATCTTTGATTTTCTTTACGTAATCGAGCCAGTTCATTTT
CTTCTTCTGTTCGATTATCTTTGGCTGCGAAAGAGCCTGTTTCTTTATGATTTTTAATCCAACGATCTAACGCAGAAGGTG
TAATATCATATTCTCTGGCAATATCTGTACGAGATTTACCATTTTCATAAAGCTTCACTAATTGCAGTTTAAATTCGGGTG
TAAAAGTTCGACGTTGACGTGTCATAGTAGCACGCTCCCTTTAGTTAATAGTCTAAGTTTACAAGCCCTTATTTTATCTGT
CCAACTTAGTGTAGCCTATCCA

In [6]: len(st)
Out[6]: 1692
```

通过函数 gen_name_search( )从字典中找到了“NZ_CAPG01000107.1”序列的值，其值编码的长度为 1692 个字符。

这里也可以创建函数 def gen_value_search( )，按照给出的序列编码值片段 tar，从字典中找出 tar 片段的序列名称。

```
In [7]: def gen_value_search(diction,tar):
   ...:     '''
```

```
   ...:         按照给出的基因片段 tar，找出基因名，输出结果是一个二元元组，
   ...:         二元元组中的第一个元素是被查找的基因码片段和找出来的基因名列表组成元组元素（也是二元元组）
   ...:         二元元组中的第二个元素是已经被找到的基因数量
   ...:         '''
   ...:         keys_0=[]
   ...:         for i in diction.values():
   ...:             #l = [(v,k) for k,v in diction.items()]
   ...:             if tar in i:
   ...:                 key_0 = list(diction.keys())[list(diction.values()).index(i)]
   ...:                 keys_0.append(key_0)
   ...:         return (tar,keys_0),len(keys_0)

In [90]: gen_value_search(diction,'CCTCGGTCTGTATGAAACATTTT')
Out[90]:
(('CCTCGGTCTGTATGAAACATTTT',
['NZ_CAPG01000107.1 Bacillus sp. AP8, whole genome shotgun sequence']),
1)
```

输出结果是元组，该元组的第一个元素是一个二元元组，该二元元组的第一个值是查找的序列片段 tar，第二个值是找到的基因序列名称的列表；第二个元素是 1，表示被找到的基因数量。

第12章 机器学习入门

本章知识点导图

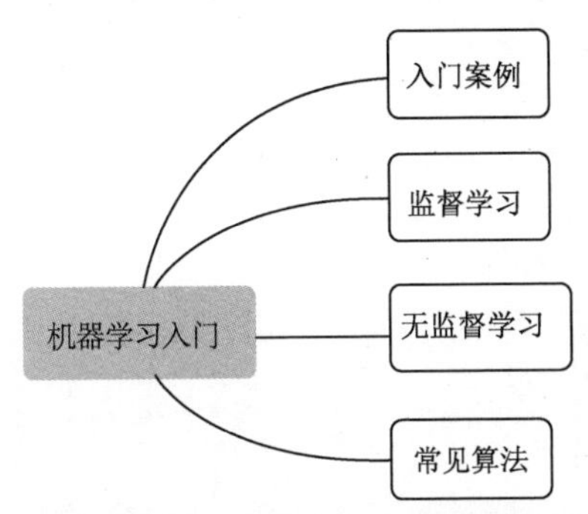

机器学习在很多人眼里是一个“高大上”、可望而不可即的领域。其实，刚开始不需要什么都懂。可以只听过“机器学习”这个名词，不必知道更多的概念，如监督学习、无监督学习、信息熵、特征工程等。目标就是完整地跟着案例操作一遍，然后看看结果。

甚至，不需要明白算法的原理。对于初学者，可以不对算法原理深究，以后可以循序渐进地了解，重点关注函数调用和赋值。当然，知道机器学习算法的局限性和配置方式很重要。对算法原理的学习可以放在以后，学习需要一定的数学基础知识，如矩阵、微积分等。

读者在学习本章的时候，不必关注每种算法的优缺点。但在学完后应该深入地学习每种算法的优点和局限性，争取做到知其然又知其所以然。

本章只是带领读者入门，并没有涉及机器学习的全部内容。读者把机器学习的重要步骤掌握了，也就算达到了学习本章的目的，正所谓“师父领进门，修行在个人”。本章归纳的机器学习步骤如下。

（1）导入数据。

（2）数据处理。

（3）训练模型。

（4）评估算法。

（5）做出预测。

12.1 入门案例

机器学习的实现步骤其实较为固定，先来看个例子。

假设房子的价格只跟面积有关，下面给出了一些房子的面积和价格之间的关系数据，如表 12-1 所示，请估计出 40m² 的房屋价格。

表 12-1　房屋面积与价格之间的关系数据

面积/m²	56	32	78	160	240	89	91	69	43
价格/万元	90	65	125	272	312	147	159	109	78

可以先将数据的分布情况通过散点图可视化，如图 12-1 所示，大概是一个线性关系，即 $y=ax+b$。

对于这种线性预测问题，在机器学习里已经有人给出了很好的解决方案，并编写了完整的程序——线性回归模型，我们只需要导入 sklearn.linear_model 中的 LinearRegression 调用函数即可。

针对该数据分布情况和所提出的问题，可以使用下面的程序进行建模和预测。

导入相应的库。

```
from sklearn.linear_model import LinearRegression
import matplotlib.pyplot as plt
import numpy as np
plt.rcParams['font.family']='Microsoft YaHei'
plt.rcParams['font.sans-serif']=['Microsoft YaHei']
plt.rcParams['font.size']=16
```

录入数据，并对数据进行处理和探索。

```
x=np.array([56,32,78,160,240,89,91,69,43])
y=np.array([90,65,125,272,312,147,159,109,78])

#数据处理，并画图进行数据探索
X = x.reshape(-1,1)                          #将数据变为 1 列
Y = y.reshape(-1,1)
plt.figure(figsize=(10,6))                   #初始化图像窗口
plt.scatter(X,Y,s = 50)                      #原始数据的散点图
plt.title("原始数据散点图")
plt.xlable("面积/平方米")
plt.ylable("价格/万元")
plt.show()                                   #图形如图 12-1 所示
```

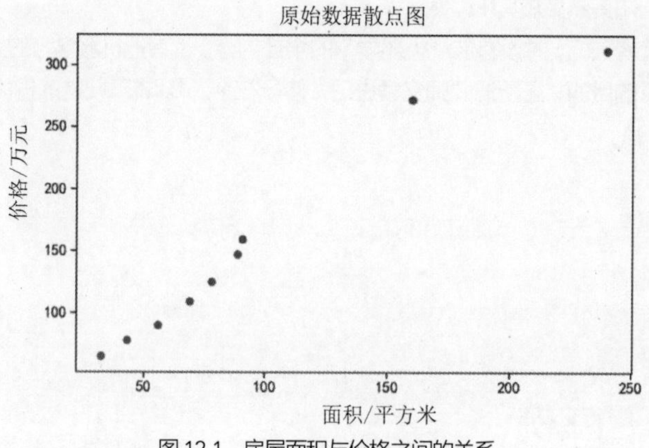

图 12-1　房屋面积与价格之间的关系

建立模型并训练模型。

```
model = LinearRegression()                   #建立模型
```

```
model.fit(X,Y)                              #训练模型
```

预测。将测试数据代入，看看预测结果情况。

```
x1=np.array([40,]).reshape(-1,1)            #处理预测数据
x1_pre = model.predict(np.array(x1))        #预测面积为 40 平方米时的房价
print(x1_pre)
```

输出结果如下。

```
array([[79.59645966]])
```

至此，我们已经通过 LinearRegression 模型，对于给定的数据求出了面积为 $40m^2$ 的房价大概为 79.5965 万元。

我们不仅可以预测出 $40m^2$ 房屋的大概价格，还可以把这个线性关系中的参数也求出来。具体代码如下。

```
b=model.intercept_                          #求截距 b
a=model.coef_                               #求斜率 a
print("a=%d"%a,"\n","b=%d"%b)
```

输出结果如下。

```
a=1
b=28
```

我们可以将模拟出来的直线在图上画出来，同时将原来的散点图也绘制出来，并将 $40m^2$ 的房屋价格用红色的点在图中标记出来，代码如下。

```
#定义画布，并把原数据散点图绘制出来
plt.figure(figsize=(10,8))
plt.scatter(X,Y) #原始数据散点图
plt.title("模型预测值")
plt.xlable("面积/平方米")
plt.ylable("价格/万元")

#画出模拟的直线图
y = a*X +b
plt.plot(X,y)

#画出 40 平方米的房屋价格数据点，并用红色进行标注
y1 = a*x1+b
plt.scatter(x1,y1,color='r')
plt.show()
```

运行结果如图 12-2 所示，能够很清晰地看出 $40m^2$ 的房屋价格是符合前面给出的数据模拟的直线的。

以上是对一元线性回归的实现方法。

但在现实中，影响房价的因素太多，不仅跟面积有关，还跟地理位置有关，跟小区容积率等都有关，这就要用到多元线性回归进行拟合了。

在机器学习中，常用到的学习方法除了一元线性回归、多元线性回归模型外，还有逻辑回归、聚类、决策树、随机向量、支持向量机、朴素贝叶斯等模型，这些模型的使用方法基本类似，都有以下的步骤（以上面的一元线性回归模型为例）。

（1）整理数据：数据预处理和探索，将数据处理为适合模型使用的数据格式。

（2）建立模型：model=LinearRegression( )。

（3）训练模型：model.fit(x,y)。

（4）模型预测：model.predict([[a]])。

（5）评价模型：利用可视化方式直观地评价模型的预测效果。

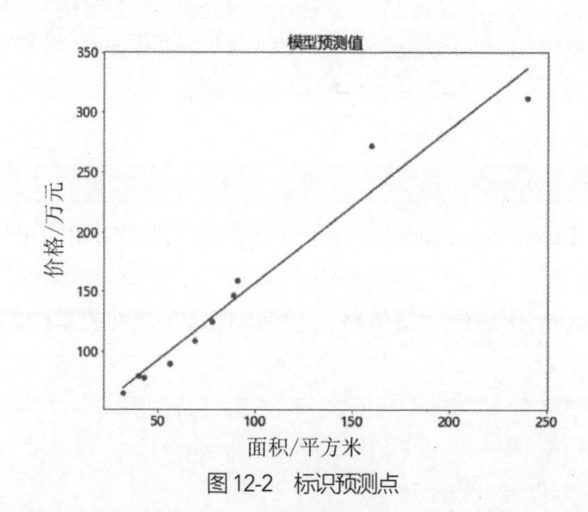

图 12-2　标识预测点

因为在实际的机器学习模型应用过程中，数据预处理与探索及特征工程部分是工作量最大的，所以在机器学习的模型使用过程中，对数据进行充分理解、将数据整理为合适的数据格式，以及从数据中提取有用的特征，往往会消耗大量的时间。最后是对建立的模型进行有效评估。

12.2 监督学习和无监督学习

机器学习分为监督学习、无监督学习、半监督学习和强化学习等。深度学习只是机器学习的一个分支。

监督学习是指从给定的训练数据集中学习出一个函数（模型参数），当给出新的数据时，可以根据这个函数预测结果。也就是说，训练集和测试集中每一条数据都带有明确的结果（标签）。比如，现在有一些病人的症状信息，也给出了这些病人最后确诊是什么病，将这些信息放到模型中进行训练，当新来一个病人时，把他的症状信息放入模型，模型就会给出预测结果，即病人可能有什么病。

无监督学习就是数据中给出明确的结果，通过计算机自己去找相应的规律对数据进行分类，对于新给定的数据，按照前面找到的规律进行归类。例如，现在有一箱积木，只知道一些是三角形，另一些是方形。通过模型训练学习，自动将积木分为三角形和方形。当我们再给定一个新的积木时，它会自动被归类到三角形或方形当中去。

12.2.1 监督学习

下面是一个监督学习的例子。

问题描述：现在有 768 个糖尿病人的病例信息，部分糖尿病人的特征数据如表 12-2 所示。每个病人的病例信息都记录了同样的 9 个方面信息（也叫属性或者特征），包括怀孕次数、口服葡萄糖耐量试验中 2 小时的血浆葡萄糖浓度/（$mg\cdot dl^{-1}$）、舒张压/毫米汞柱、三头肌皮褶厚度/mm、2 小时血清胰岛素/（$\mu U\cdot ml^{-1}$）、体重指数/（$kg\cdot m^{-2}$）、糖尿病谱系功能、年龄/岁、是否阳性。该数据集除了这 9 个描述病人医疗细节的信息外，还记录了一个用于指示病人是否会在 5 年内患上糖尿病的确诊信息。

当新来一个病人时，能否通过给定的 768 个病人的信息，预测该病人是否患有糖尿病?

表 12-2 部分糖尿病人的特征数据

怀孕次数	口服葡萄糖耐量试验中 2 小时的血浆葡萄糖浓度/（mg•dl^{-1}）	舒张压/毫米汞柱	三头肌皮褶厚度/mm	2 小时血清胰岛素/(μU•ml^{-1})	体重指数/(kg•m^{-2})	糖尿病谱系功能	年龄/岁	是否阳性
6	148	72	35	0	33.6	0.627	50	1
1	85	66	29	0	26.6	0.351	31	0
8	183	64	0	0	23.3	0.672	32	1
1	89	66	23	94	28.1	0.167	21	0
0	137	40	35	168	43.1	2.288	33	1
5	116	74	0	0	25.6	0.201	30	0
3	78	50	32	88	31	0.248	26	1

这是一个二分类问题，即判断该病人是否患有糖尿病，“是”用阳性（1）标记，“否”用阴性（0）标记。

对于该二分类问题，我们可以采用决策树、逻辑回归、随机森林、XGBoost、lightGBM、catBoost等模型来处理。这里采用 XGBoost 算法对该问题进行建模。

首先导入数据。

```
import numpy as np
path = r"D:\python\14\pima-indians-diabetes.csv"
dataset = np.loadtxt(path, delimiter=",",skiprows=1)
```

我们需要将数据集的特征和对应的结果（标签）分开，即将数据的列分成输入特征（X）和输出标签（Y）。

因为模型通过给定的数据集训练后才符合我们的要求，所以我们必须将 X 和 Y 都拆分为训练集和测试集。训练集将用于训练 XGBoost 模型，测试集将用于了解该模型的精度。

在拆分数据集之前，取一条数据出来，当作新来的病人数据，以查看模型预测的结果。这里取最后一条数据作为新来的病人数据。

```
X_new = dataset[-1,0:8]
Y_new = dataset[-1,8]
```

所以现在的数据集输入特征 X 和输出标签 Y 都是 767 条。代码如下。

```
X = dataset[:-1,0:8]
Y = dataset[:-1,8]
print(len(X),len(Y))
```

可以使用 scikit-learn 库中的 train_test_split( )函数拆分数据集，该函数可以自动划分数据为训练集和测试集。我们还为该函数添加了两个参数，一个是随机数生成器的种子值 23，这个值可以理解为没有什么实际的意义，随便指定，主要是便于以后每次执行这个例子时，总是得到相同的数据分割；另一个是划分比例 test_size，一般训练集和测试集的划分比例在 3 : 1 左右，即测试集占 0.25。

```
from sklearn.model_selection import train_test_split
X_train,X_test,y_train,y_test=train_test_split(X,Y,
                                               test_size=0.25,
                                               random_state=23)
```

接下来训练模型。

用于分类的 XGBoost 模型使用 XGBClassifier( )函数创建模型，并用 fit( )函数通过训练集来训练或拟合模型。当然也可以在构造的 XGBClassifier( )函数中添加一些用于训练模型的参数。这里使用默认的参数值。

```
from xgboost import XGBClassifier
model = XGBClassifier()
model.fit(X_train, y_train)
```

这样，模型就训练好了。那么模型预测能力到底怎么样呢？这就需要用到测试集了。因为测试集的每一条数据都有标签（结果），所以可以将每一条数据测试的结果都进行记录，最后统计正确次数的百分比，这个百分比就是正确率。

使用测试集对训练好的模型进行了测试，通过将预测出来的值（结果）与真实的值（标签）进行比较来评估模型的性能。为此，将使用 scikit-learn 中内置的 accuracy_score( )函数计算正确率。

```
from sklearn.metrics import accuracy_score
y_pred = model.predict(X_test)
predictions = [round(value) for value in y_pred]
accuracy = accuracy_score(y_test, predictions)
print("Accuracy: %.2f%%" % (accuracy * 100.0))
```

这里的输出结果为 Accuracy: 76.04%。

```
Accuracy: 76.04%
```

其实，上面计算正确率的 5 行代码也可以用一行代码来实现，结果是一样的。

```
model.score(X_test , y_test )  #测试精确度
```

现在，可以预测新的病人 X_new 是否患有糖尿病了。继续使用 model.predict( )来预测。

这里首先需要对数据进行预处理，因为前面预测数据时不是一条一条地输入数据，而是将测试集整体输入，而这里新来的病人不是一个数据集，而是只有一条信息的数据。测试集的数据形式如下。

```
print(X_test,"\n_______________\n",X_new)
```

X_test 和 X_new 数据用下画线隔开，如下所示。

```
[[  5.    88.    78.   ...  27.6    0.258  37.   ]
 [ 13.   104.    72.   ...  31.2    0.465  38.   ]
 [  1.   116.    70.   ...  27.4    0.204  21.   ]
 ...
 [  4.   128.    70.   ...  34.3    0.303  24.   ]
 [  7.   103.    66.   ...  39.1    0.344  31.   ]
 [  2.   120.    54.   ...  26.8    0.455  27.   ]]
 _______________
 [ 1.   93.   70.   31.    0.   30.4   0.315 23.   ]
```

通过输出的数据形式可以发现 X_test 的形式是每条数据用一个列表表示，再将所有的数据用一个大列表包裹起来，数据形式是列表内的每个元素仍然是列表，即列表嵌套列表。如果只有一条数据，应该也是列表嵌套列表的形式，即列表里只有一个列表元素。而 X_new 只有一层列表，所以我们需要对新来的这条病人数据 X_new 再嵌套一层列表。

```
Y_pred = model.predict(np.array([X_new]))
print("预测结果为%s"%Y_pred,"\n","真实结果为%s"%Y_new)
```

输出结果如下。

```
预测结果为[0.]
真实结果为0.0
```

真实结果（标签）为 0，预测结果也为阴性，其正确率为 76.04%。

当然，这个模型的正确率还有很大的提升空间，这就是后话了，需要对参数进行设置——调参，还有可能需要对数据进行标准化，以及对数据特征进行选取等。如本例中，病人的特征信息有 8 个，是否每个特征都有用呢？我们可以对这 8 个特征的重要性进行展示，可用条形图来表示，如图 12-3 所示。

```
from matplotlib import pyplot
from xgboost import plot_importance
plot_importance(model)
pyplot.show()
```

从图 12-3 中可以看出，f6、f5、f1 的重要性相比于其他几个指标要高得多，其中 f0 ~ f7 表示按顺序的 8 个特征。

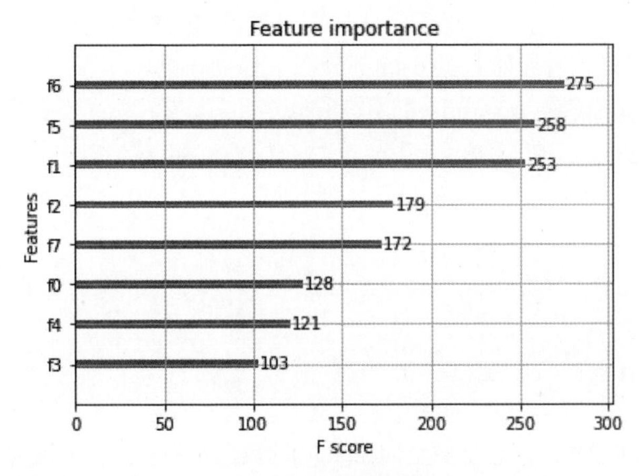

图 12-3 特征的重要性

值得注意的是，有些模型并不是靠调参就能解决问题的，这就像我们常说的，铁棒能否磨成针还要看材料质地。所以一般的机器学习模型都需要进行模型评估，可以多选择几个模型来进行比较。

12.2.2 无监督学习

无监督学习的一个典型例子就是聚类。

生成一些数据，并把这些数据用散点图表示出来。

这些数据其实已经暗中分成了两组，第一簇的横坐标在[1,30]，第二簇的横坐标在[41,70]。

绘制散点图，结果如图 12-4 所示。

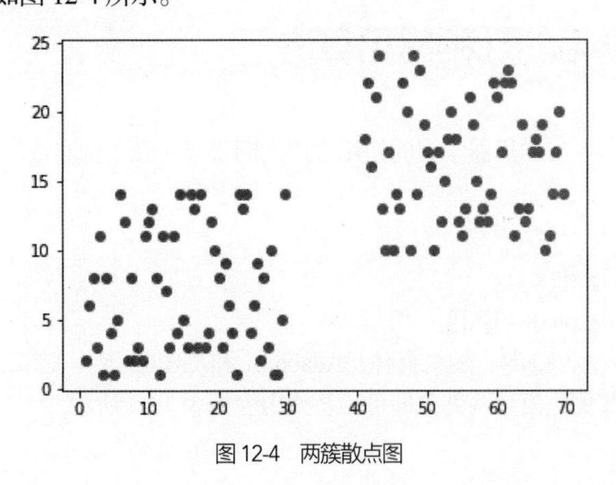

图 12-4 两簇散点图

```
import numpy as np
import pandas as pd
import matplotlib.pyplot as plt

data = pd.DataFrame(list(zip(np.arange(1,30,0.5),np.random.randint(1, 15,58)))
       +list(zip(np.arange(41,70,0.5),np.random.randint(10,25,58))))
plt.scatter(data[0],data[1])
```

对生成的数据 data 进行聚类，使用 sklearn.cluster 中的 KMeans 模型。KMeans( )需要提供初始值 n，这个 n 指定要分成几个类。这里假设分成 2 类。

```
from sklearn.cluster import KMeans

model=KMeans(n_clusters=2)
model.fit(data)
```

训练完成之后，可以查看原始数据 data 都分在了哪个簇里。

```
model.labels_    #每个样本的所属中心标签索引,同 predict(X)
#model.predict(data)#预测数据集 X 中每个样本所属的聚类中心索引
```

输出结果如下。

```
array([1, 1, 1, 1, 1, 1, 1, 1, 1, 1, 1, 1, 1, 1, 1, 1, 1, 1, 1, 1, 1, 1,
       1, 1, 1, 1, 1, 1, 1, 1, 1, 1, 1, 1, 1, 1, 1, 1, 1, 1, 1, 1, 1, 1,
       1, 1, 1, 1, 1, 1, 1, 1, 1, 1, 1, 1, 1, 1, 0, 0, 0, 0, 0, 0, 0, 0,
       0, 0, 0, 0, 0, 0, 0, 0, 0, 0, 0, 0, 0, 0, 0, 0, 0, 0, 0, 0, 0, 0,
       0, 0, 0, 0, 0, 0, 0, 0, 0, 0, 0, 0, 0, 0, 0, 0, 0, 0, 0, 0, 0, 0,
       0, 0, 0, 0, 0, 0])
```

这跟生成的数据的预设一致，它把横坐标在[1,30]的数据归为一类，标签为 1；横坐标在[41,70]的数据归为另一类，标签为 0。

再任意找几个数据测试一下。

```
print(model.predict([(1.0, 14)]),\
      model.predict([(62, 23)]),\
      model.predict([(36, 10)]))
```

输出的结果如下。

```
[1] [0] [0]
```

这表明（1,14）被归为标签为 1 的簇，（62,23）和（36,10）被归为标签为 0 的簇。

12.3 机器学习的几种常见算法

通过前面的案例可以看出，机器学习的使用方法大同小异，几乎都有以下相同的步骤。

（1）整理数据。

（2）建立模型：model=模型函数( )。

（3）训练模型：model.fit(x,y)。

（4）模型预测：model.predict([[a]])。

其他的算法，如 SVM、KNN、随机森林、Adaboost 和 GBRT 等，大部分只需替换以上案例代码中的导入相应的模块和实例化模型两部分即可。替换内容如表 12-3 所示。

表 12-3 机器学习算法模块导入与实例化

算法	导入模块	实例化模型
逻辑回归	from sklearn.linear_model import logstic	model= logstic.LogisticRegression( )
SVM	from sklearn import svm	clf= svm.SVR( )
决策树	from sklearn import tree	clf= tree.DecisionTreeRegressor( )
KNN	from sklearn import neighbors	clf= neighbors.KNeighborsRegressor( )
随机森林	from sklearn import ensemble	clf= ensemble.RandomForestRegressor(n_estimators=20) #这里使用 20 棵决策树
Adaboost	from sklearn import ensemble	clf= ensemble.AdaBoostRegressor(n_estimators=50)
GBRT	from sklearn import ensemble	clf= ensemble.GradientBoostingRegressor(n_estimators=100)
XGBoost	from xgboost import XGBClassifier	clf=XGBClassifier( )
catBoost	import catboost as cb	clf=cb.CatBoostClassifier( )
lightGBM	import lightgbm as lgb	clf=lgb.LGBMClassifier( )
神经网络	from sklearn.neural_network import MLPClassifier	mlp=MLPClassifier(random_state=42)
聚类	from sklearn.cluster import KMeans	model=KMeans(n_clusters=n)

具体的应用案例请读者自行查阅资料学习。

本章小结

本章介绍了机器学习的基本知识，以及机器学习的基本步骤，并给出了监督学习和无监督学习的案例。

参考文献

[1] 余本国. Python数据分析与可视化案例教程[M]. 北京：人民邮电出版社，2022.
[2] 余本国. Python数据分析：从零基础入门到案例实战[M]. 北京：北京理工大学出版社，2022.
[3] 余本国，刘宁，李春报. Python大数据分析与应用实战[M]. 北京：电子工业出版社，2021.
[4] 孙玉林，余本国. Python机器学习算法与实战[M]. 北京：电子工业出版社，2021.
[5] 余本国. 基于Python的大数据分析基础及实战[M]. 北京：中国水利水电出版社，2018.